山东省自然保护地建设研究丛书
NATURE RESERVE

山东稀有濒危保护植物

总主编　王仁卿

主　编　王　蕙　郑培明　张淑萍　栾义峰　王仁卿

山东科学技术出版社

·济南·

图书在版编目（CIP）数据

山东稀有濒危保护植物 / 王蕙等主编 . -- 济南 : 山东科学技术出版社 , 2023.11
（山东省自然保护地建设研究丛书 / 王仁卿总主编）
ISBN 978-7-5723-1851-1

Ⅰ . ①山⋯ Ⅱ . ①王⋯ Ⅲ . ①珍稀植物－濒危植物－植物志－山东 Ⅳ . ① Q948.525.2

中国国家版本馆 CIP 数据核字（2023）第 117624 号

山东稀有濒危保护植物
SHANDONG XIYOU BINWEI BAOHU ZHIWU

责任编辑：陈 昕 张 琳

主管单位：山东出版传媒股份有限公司
出 版 者：山东科学技术出版社
地址：济南市市中区舜耕路 517 号
邮编：250003 电话：（0531）82098088
网址：www.lkj.com.cn
电子邮件：sdkj@sdcbcm.com
发 行 者：山东科学技术出版社
地址：济南市市中区舜耕路 517 号
邮编：250003 电话：（0531）82098067
印 刷 者：山东彩峰印刷股份有限公司
地址：潍坊市潍城区玉清西街 7887 号
邮编：261031 电话：（0536）8311811

规格：16 开（184 mm × 260 mm）
印张：18 **字数：**290 千
版次：2023 年 11 月第 1 版 **印次：**2023 年 11 月第 1 次印刷
定价：198.00 元

山东省自然保护地建设研究丛书

总主编　王仁卿

《山东稀有濒危保护植物》编委会

主　编　王　蕙　郑培明　张淑萍　栾义峰　王仁卿

副主编　张春雨　冯脉宣　贺同利　吴　盼　张文馨

编　委　（按姓氏拼音排序）

崔可宁　冯脉宣　贺同利　刘　潇　栾义峰
孙淑霞　王　蕙　王　宁　王乃仙　王仁卿
吴　盼　张　琨　张　晴　张春雨　张淑萍
张文馨　郑培明

资助单位

山东大学生命科学学院
山东青岛森林生态系统国家定位观测研究站
山东省植被生态示范工程技术研究中心
青岛市森林和湿地生态研究重点实验室
山东大学黄河国家战略研究院

丛书前言

2019 年 6 月，中共中央办公厅、国务院办公厅印发了《关于建立以国家公园为主体的自然保护地体系的指导意见》（中办发〔2019〕42 号），并要求各地区各部门结合实际认真贯彻落实，这是一项具有历史意义的重大战略决策。为贯彻习近平生态文明思想，落实中办 42 号文要求，山东省迅速启动了自然保护地体系整合与建设重大工程，发布了《山东省人民政府办公厅关于建立以国家公园为主体的自然保护地体系有关事项的通知》（鲁政办发〔2020〕8 号），要求全面建成分类科学、布局合理、保护有力、管理有效、功能完善的自然保护地体系。此后，各项工作顺利推进和落实。

根据 2020 年的统计，山东省省级以上自然保护地总面积 219.23 万 hm^2（含重叠面积），其中国家级自然保护地面积 117.10 万 hm^2，占保护地总面积的 53.42%；省级自然保护地面积 102.13 万 hm^2，占保护地总面积的 46.58%。在类型方面，自然保护区面积 76.99 万 hm^2，占保护地总面积的 35.12%；风景名胜区面积 28.66 万 hm^2，占保护地总面积的 13.07%；地质公园面积 29.76 万 hm^2，占保护地总面积的 13.57%；森林公园面积 31.78 万 hm^2，占保护地总面积的 14.50%；湿地公园面积 20.46 万 hm^2，占保护地总面积的 9.33%；海洋公园面积 11.66 万 hm^2，占保护地总面积的 5.27%；海洋特别保护区面积 20.03 万 hm^2，占保护地总面积的 9.14%。可以看出，山东省自然保护地体系框架已经形成，为今后的建设奠定了基础。

在各级各类自然保护地中，从生物多样性和生态资源保护意义来讲，最重要的是国家公园和各级自然保护区。山东拟建的国家公园有黄河口国家公园和长岛国家公园 2 处，预计近 2 ～ 3 年建成。截至 2022 年底，山东省现有省级以上自然保护区 45 个，总面积 76.99 万 hm^2，其中国家级自然保护区 7 处，省级自然保护区 38 处，这些保护区的建立和发展不仅起到了自然保护地体系建设的引领和示范作用，而且在生物多样性保护中更是发挥了主导和主力军作用。

中办发〔2019〕42 号文和鲁政办发〔2020〕8 号文都强调，为建成分类科学、布局合理、保护有力、管理有效、功能完善的自然保护地体系，要尽快开展和完成自然保护地本底调查，包括生物多样性、生态环境、保护成效、存在问题等方面的综合科学考察和生物多样性调查等重点任务，这是自然保护地体系建设的基础。然而由于各种因素和条件等的限制，根据现有的资料，截至 2020 年，除了少数几个国家级自然保护区，如黄河三角洲国家级自然保护区、烟台昆嵛山国家级自然保护区、长岛国家级自然保护区等有很好的前期基础，完成了较为科学、规范、系统的本底调查，出版或者发表了相关的科考报告，多数保护区缺少系统、科学、规范的科学考察和本底调查，也很少有正式出版的著作和报告。开展和完成各保护区的本底调查、出版专著和报告、积累数据和资料，对于自然保护地体系建设必要而迫切。

从 20 世纪 80 年代开始至今，山东大学植被生态和生物多样性课题组先后承担和参与了黄河三角洲、昆嵛山、荣成大天鹅、崂山、艾山、招虎山、烟台海防林等 10 多处自然保护区的科学考察任务，并几乎参与了所有国家和省级自然保护区建立、晋升、调整等的评审和论证，对山东省自然保护区的建设和发展提供科技支撑，同时也收集和掌握了一大批第一手的调查资料和基础数据。为了助力山东省自然保护地体系建设，为生物多样性保护提供必要的科学数据和资料，填补相关空白和不足，更好发挥高校和科研机构在自然保护地建设方面的智库作用，根据以往的调查数据和最新的科学考察，山东大学植被生态和生物多样性课题组从 2022 年开始编写出版“山东省自然保护地建设研究丛书”，包括“生物多样性保护”“综合科学考察”等系列，每系列根据实际情况确定具体分册，暂定编写出版 12 ～ 15 册。由王仁卿担任总主编，负责策划、审稿等任务，每册再设主编和副主编，负责分册的策划、组稿、审核等工作。

随着自然保护地体系建设的完善，特别是国家公园建设的推进，自然保护地原有的问题和矛盾在一定范围内将得到较为妥善的解决，今后的主要矛盾和任务是如何保护好生物多样性，让自然保护地在深化绿色发展理念和战略实施方面发挥更好、更大的作用。定期开展规范、系统的科学考察和长期的定位观察研究，既是自然保护地体系建设的基础和科技支撑，也是生物多样性保护和提升的成果展示，需要加强和持续推进。我们希望“山东省自然保护地建设研究丛书”的编辑和出版，将发挥引领和示范作用，期盼各级各类自然保护地的本底调查和长期观测结合、全面调查和专项调查结合、科学调查和督查评估结合，产出一大批高水平的原创性、基础性调研和评估成果，为实现国家和山东确定的自然保护地体系建设目标，落实党的二十大报告提出的“提升生态系统多样性、稳定性、持续性，加快实施重要生态系统的保护和修复工程”重大任务发挥应有作用。

丛书总主编 王仁卿

2022 年 12 月 于青岛

修订版前言

1993年，山东大学出版社出版了《山东稀有濒危保护植物》小册子，至今整30年了。之所以称小册子，是因为该书不到15万字，且限于当时的认知和知识，写作水平也不高。但该书的出版，一是填补了山东珍稀植物研究的空白，二是在山东的植物保护，特别是在山东的自然保护区科学考察、调整论证、整合、评价等方面发挥了重要参考和基础作用。30年过去了，生物多样性保护的意义已经深入人心，保护成效非常明显，研究方法和保护手段也在提高、完善和多样，获得的数据资料大增，生态文明和美丽中国的建设对生物多样性保护科技支撑的需求也在提高，修订本书非常必要、迫切和可能。

首先是资料和数据的不断丰富。由于《山东稀有濒危保护植物》第一版所用的资料和数据大多是20世纪90年代以前的，加之当时人员少、调查范围受限和不规范等因素，无论是稀有濒危植物种类的记录，还是稀有濒危植物特征的描述都有很大局限性，而且当时没有高质量的彩色照片，在科学性、规范性、国际化及美观和应用性等方面已不适应生物多样性保护的需求。2000年以来，编写组人员先后承担和参加了国家重大基础专项“华北植物群落资源清查（2012—2017）”“中国植被志（落叶栎林卷，2015—2020）”“中国植被志（针叶林卷，2020—2025）”“中国大百科全书三版生态学卷－植被分支（2017—2020）”“南四湖湿地植被恢复与重建（2007—2012）”“黄河三角洲生态修复（2010—2015）”等多个国家课题，以及中国科学院“新一代植被图编研（2019—2023）”，山东省“山东植物群落资源调查（2010—2015）”和“崂山省级自然保护区综合科学考察（2017—2019）”“崂山省优先区生物多样性综合调查（2022—2024）”等省部级课题，同时参加了山东省昆嵛山国家级自然保护区、黄河三角洲国家级自然保护区、长岛国家级自然保护区、滨州贝壳堤岛与湿地国家级自然保护区、崂山省级自然保护区、泰山省级自然保护区、南四湖省级自然保护区等20多个国家和省级自然保护区科学考察、规划、调整等调查和评审论证，重点调查了崂山、昆嵛山、泰山、沂山等大的山地和黄河三角洲、南四湖等重要湿地，期间对珍稀濒危植物进行了专门调查，收集了大量新的、规范的数据和资料，拍摄了上千张植被和植物照片，这些成果提供了大量新的素材，为修订本书奠定了基础，修订已成为可能。

第二是认知和知识的不断增加和提高。30年前，生物多样性的概念还刚刚兴起，当时用得比较多的还是珍稀濒危生物保护，所以本书也用了“珍稀濒危保护植物”的概念。1992年《生物多样性公约》签署以来，世界范围内的生物多样性保护活动兴起，有关生物多样性的概念、分类、保护、恢复等理论和知识也如雨后春笋，纷纷出现。国际上对生物多样性保护类别和级别的划分与以往也有不同，最新的划分包括灭绝种、濒危种、渐危种、易危种、无危种等类（《濒危动植物种国际贸易公约》）。我国先后多次调整了国家级保护植物名录和级别，如《国家重点保护野生植物（新版）》，最新的名录与之前公布的有一定出入。植物分类学家们在植物命名方面也有许多新的变化，如科、属、种的合并、删除、重新命名等（《中国植物志》、植物智等）。山东省有关学者最近几年在植物保护方面也出版了一些新的著作，如《山东珍稀濒危保护树种》《山东珍稀濒危植物》等，这些都为修订本书提供了新的知识、依据和资料，修订非常必要。

第三是国家和地方对生物多样性保护的力度和需求加大。2019年6月，中共中央办公厅、国务院办公厅印发《关于建立以国家公园为主体的自然保护地体系的指导意见》的通知（中办发〔2019〕42号），要求全面建成分类科学、布局合理、保护有力、管理有效、功能完善的自然保护地体系。山东省随之发布了《山东省人民政府办公厅关于建立以国家公园为主体的自然保护地体系有关事项的通知》（鲁政办发〔2020〕8号）。2021年10月，联合国《生物多样性公约》第十五次缔约方大会（COP15）在昆明召开，国家主席习近平发表主旨讲话，强调秉持生态文明理念，共同构建地球生命共同体，指出要站在对人类文明负责的高度，探索人与自然和谐共生之路，凝聚全球治理合力，提升全球环境治理水平。2021年10月，中共中央办公厅、国务院办公厅印发《关于进一步加强生物多样性保护的意见》。2022年10月，党的二十大报告中指出，“推动绿色发展，促进人与自然和谐共生”，要“提升生态系统多样性、稳定性、持续性”。2021 年，中国第一批 5 个国家公园正式建立。2022 年，北京国家植物园建立。这些都标志着中国在生物多样性保护方面走在世界前列，中国速度和中国模式引领了国际生物多样性保护。山东省近二十年在生物多样性保护方面也取得了很大成效，截至 2021 年，已经建立了 7 个国家级自然保护区和 38 个省级自然保护区，黄河口国家公园和长岛国家公园也将在近几年内建成。国家和地方对生物多样性保护力度的加大，也需要更多更雄厚的科技支撑，包括对稀有濒危植物在内的物种多样性的状况、受威因素和保护对策等重新认识和评价。这为修订本书提供了新的机遇和更高要求。此外，部分省市也发布了地方重点植物保护名录或法规，其中珍稀植物名录是重要的基础资料，这也使得修订很迫切。

因此，修订出版《山东稀有濒危保护植物》的条件已经成熟，时机已经来到，也希望修订版在未来能够成为山东重点野生保护植物名录、植物保护地方标准或办法制定的基础、依据和参考。在旧版《山东稀有濒危保护植物》的基础上，新修订的著作在章节结构、内容表述和图片等方面都是新颖的、前所未有的。修订版一共收录了 188 种稀有濒危保护植物，比第一版增加了 112 种，按照物种的重要性及珍稀濒危等级顺序排列，主要包括国家重点保护野生植物（16 种）、中国生物多样性红色名录中的受威胁物种（极危种、濒危种、易危种，11 种）、山东特有物种（15 种）和山东珍稀物种（146 种）。

本书修订期间，承蒙多位专家审阅指正，对名录、拉丁文等提出了很多修改意见和建议，他们是：中国科学院植物研究所刘冰副研究员，山东大学威海校区赵宏教授、韩晓弟副教授，曲阜师范大学侯元同教授。在此一并感谢。

由于种种原因，本书所收录的种类不一定都合适，书中难免存在错误与不足之处，敬请有关专家和广大读者批评指正。

作者　2023 年 6 月于山东大学

第一版前言

众所周知，绿色植物是生物圈的第一性生产者，是维持生物圈中物质循环、能量流动和信息传递的核心。因此，植物资源是自然界中最重要的自然资源之一，是人类和其他生物赖以生存的物质基础。不言而喻，保护植物就意味着保护人类自己，而破坏植物资源也就意味着破坏了人类生存的物质条件，最终要影响到人类自身。

种类繁多、千姿百态的绿色植物是在长期的进化过程中形成的，是大自然留给人类最宝贵的财富。森林、草地、灌丛、荒漠等植被类型不仅为人类提供了无穷无尽的资源和能源，也是天然的基因库。然而，由于人类对植物资源尤其是对一些具重大经济价值的植物采取“杀鸡取卵”或“竭泽而渔”的掠夺式利用，使植物资源遭到了严重的破坏。进入 20 世纪以来，人类对植物资源的索取越来越多，速度越来越快，不给植物资源以休养生息和更新的机会，导致森林面积剧减，草原退化、沙化严重，荒漠不断向外扩展。植被的破坏、利用的过度和生境的恶化，致使许多植物数量下降、分布区缩小，有些地方出现植物资源枯竭的现象，甚至有一些种类濒临灭绝的境地。据国际自然和自然资源保护联盟的估计，到 1980 年，世界上已有 16 100 种有花植物处于濒临灭绝的境地；而到 20 世纪末，全世界将有 50 000 ~ 60 000 种植物受到程度不同的威胁，即约每 5 种植物中就有 1 种植物的生存遭受到威胁。现存植物预测以每天 1 种的速度消失，如果不采取保护措施，将来有可能每分钟灭绝 1 种。同时，1 种植物的灭绝，将会影响到与其有关的 20 ~ 30 个其他物种的生存。而物种一旦灭绝就绝不会复得。尽管在进化过程中还会有新的物种不断出现，但在目前的环境下，新种的出现远不及原来物种灭绝的速度快。

中国的植物资源所面临的问题也非常突出，受破坏的程度也相当严重。据估计，在我国近 30 000 种高等植物中，至少有十分之一即约有 3000 种处于受威胁和灭绝的状态。

山东省地处我国暖温带南部，植物资源较为丰富。据不完全统计，全省计有蕨类植物和种子植物约 2300 种。但是，由于山东是中华民族的发源地之一，人类活动历史悠久。长期的开垦、放牧等生产活动，使山东植被和植物资源受到了严重破坏。根据我们的初步统计，目前山东省有 150 ~ 200 种维管植物的数量和分布范围在减少，有些种类已接近濒危或灭绝的境地。

由上所述可以看出，保护植物资源、保护人类赖以生存的物质基础已到了刻不容缓的地步。令人们欣慰的是，近年来，随着人类在环境与资源方面所面临的严酷事实和大自然对人类无情的报复，越来越多的人已认识到植物是生命的源泉，保护植物就是保护人类自己，这是人类的一项神圣的职责。因此世界范围内掀起了保护自然、保护生物多样性、保护珍稀濒危生物的热潮，许多实际性的工作也已展开。如国际“人与生物圈（MAB）”计划，“国际生物学规划（IBP）”等。1992 年 6 月 3 日至 6 月 14 日在巴西里约热内卢召开的“联合国环境与发展大会”，有 178 个国家和地区的首脑与代表参加会议，是人类有史以来最盛大的环境会议。在这次会议上，由各国首脑签署了《保护生物多样性公约》，这项公约的主要目的是保护和合理利用全球的生物资源，要求各国加强保护濒临灭绝的动植物。

我国对植物资源的保护极为重视。1984 年公布了我国第一批珍稀濒危保护植物名录，1990 年出版了我国第一部植物红皮书——《中国植物红皮书》（第一卷）。我国还建立了 400 多处自然保护区和珍稀植物迁地保护繁育基地，使一些濒于灭绝的植物得到保护和发展。这表明在保护珍稀濒危植物方面我国已走入世界前列。

山东省在自然资源保护方面近年来也做了大量的工作，取得了可喜的成就，特别在鸟类保护方面尤为突出。但相比之下，植物资源的保护工作尚未引起有关方面足够的重视。

为此，自 1987 年起，我们开始着手于山东稀有濒危植物的研究工作，包括大量的野外调查和查阅资料及向国内同行专家请教。我们的工作也得到了山东省自然科学基金委员会的支持，有关山东沿海地区珍稀濒危植物的课题已被省基金委立项资助。在此基础上，我们提出了“山东省珍稀濒危植物名录”，其中蕨类植物 41 种，种子植物 194 种，合计 235 种（本书选 76 种介绍）。

为了促进山东省珍稀濒危植物保护工作的开展，为保护工作提供必不可少的基础资料，为确定山东稀有濒危保护植物的级别提供科学依据，我们编著了《山东稀有濒危保护植物》一书。考虑到保护的可行性和山东的实际情况，本书只收录了重要性较大的稀有濒危保护植物 76 种。其中一类保护植物（已列为或即将列为国家级保护植物）15 种，二类保护植物（建议为省级重点保护植物）26 种，三类保护植物（建议为省级一般保护植物）35 种。对每一种的生物学和生态学特性、分布、保护价值等都作了详尽的描述。上述三类植物中，根据国内外划分稀有濒危保护植物标准并结合山东的具体情况，分别注明了是属于濒危（endangered）种、渐危（vulnerable or threatened）种，或是稀有（rare）种。濒危，即临危（endangered）的种类，是指那些在其整个分布区域或分布区域的重要部分，有灭绝危险的分类单位。这些植物的种群不大，植株稀少，地理分布有很大的局限性，仅生存于特殊的生境或有限的地方。它们濒危的原因，可能是由于生殖能力太弱、特殊生境被破坏或退化到不能适宜生长，亦或是毁灭性的开发和病虫为害等。稀有（rare）的种类，是指那些目前尚未有绝灭危险的、我国特有的单种属或少种属的代表种类，它们的分布区域狭窄，生存环境比较独特，种群不多，植株也较稀少，或分布区域虽广但零星生存着的种类。本书中的此类植物，有些在全国范围内并不一定稀有，但在山东却不多见，如山茶等。渐危，即脆弱或受威胁（vulnerable or threatened）的种类，是指那些因人为的或自然的原因所致，其分布范围和种群、植株数量正随着森林砍伐、生境恶化或过度开发利用而日益缩减，在可以预见的将来很可能成为濒危的种类。

编写本书的目的除了希望将山东的稀有濒危植物概况和现状公布于众，以引起有关方面和人们的重视外，还希望能为山东植物红皮书的编写奠定基础。

由于野外考察尚不充足，编写时间也很仓促，加之编写人员的水平所限，本书所收录的种类不一定都恰当，编写内容也不一定都合适，书中的错误与不足之处在所难免，敬请有关专家和广大读者批评指正。

作者　1992 年 8 月于山东大学

作者说明

本书第一版的名录，我们先后请省内外专家审阅和提出意见，名录是在专家们的意见基础之上确定的。第一版的评审专家是：

中国科学院植物研究所傅立国研究员

山东师范大学陈汉斌教授、李法曾教授、赵遵田教授

山东中医药大学（原山东中医学院）李建秀教授

山东省中医药研究院彭广芳研究员

枣庄学院明延凯教授

山东农业大学梁书宾教授（原山东省林业学校）、朱元枚教授

山东省林业科学研究所孙丕婵高级工程师

滨州学院（原滨州教育学院）谷奉天教授

中国海洋大学周汝伦教授

山东中医药高等专科学校（原山东省中医药学校）徐寿长教授

青岛植物园张春静高级工程师

青岛市园林局王凤亭高级工程师

这些专家，有的还健在，有的甚至还辛勤耕耘于教学科研第一线，有的先生已经仙逝。对于专家们的宝贵意见和建议再次表示深深的感谢！

目　录

第一部分

山东省自然概况和植物资源概况

自然条件由各种各样的自然要素组成，如地理位置、气候、地质、地貌、水文、土壤等。其中气候条件对植物的分布起着主导作用，气候条件中的热量（温度）和降水两个因子最为重要，通常称为水热条件，这是植物分布的直接决定因素（中国植被编辑委员会，1980；方精云 等，2020）。

山东省地处我国暖温带地区，地带性的植被类型是以落叶栎类为代表的落叶阔叶林，植物区系以各种温带植物占优势，也有其他区系成分。由于各地自然条件组合的不同，特别是气候、地形、土壤等条件的差异，导致省内各地的植物区系组成和植被类型有一定差异（王仁卿 等，2000）。此外，人为活动对植物分布的影响也越来越明显，既有正面的，如主动保护、建立保护区、开展生态修复等；也有负面的直接或间接破坏，如引入外来入侵种等的影响。

自然概况

山东省位于我国东部沿海的暖温带地区，地处黄河下游，地理坐标为：北纬 34° 22.9′ ~ 38° 17.0′，东经 114° 47.5′ ~ 122° 42.3′。东西最长约 721 km，相距 8 个经度；南北最宽约 437 km，跨越近 4 个纬度。全省陆域面积 15.58 万 km^2，约占全国陆地总面积的 1.62%。全省划分为济南、青岛、烟台、潍坊等 16 个地级市。

山东省的陆地海岸线长达 3121 km，约占全国海岸线的 1/6，位列全国第二。全省分半岛和内陆两部分，山东半岛向东突出于渤海及黄海之间，隔海与辽东半岛遥遥相对。内陆部分自北向南依次与河北、河南、安徽、江苏四省接壤（图 1–1）。

一、地质地貌

在中国大地构造格局中，山东省是华北台块的组成部分，鲁中南和胶东半岛是台块的隆起部分，称为“山东台背斜”。表层岩石主要由前震旦纪结晶岩组成。自震旦纪后，地壳长期处于稳定状态，只有在燕山运动中，断裂和岩浆活动才强烈起来，由此奠定了现今山东省地势的骨架。鲁西北和鲁西南在地史中长期是凹陷区，属华北台块中的向斜部分，地面上覆盖着深厚的冲积层。由于冲积层不断向东扩展，将原来屹立于海中的鲁中南山地、山东半岛与大陆连成了一片。

从地势上看，山东省位于我国自西向东、由高到低的三级地势阶梯中最低的一级。山东地势总的分布特征为中部高四周低，以鲁中南山地丘陵区为最高，其中又以泰、鲁、沂山地为中心，如泰山主峰玉皇顶海拔 1532.7 m，耸立在周围不足千米的山丘之上，为全省最高峰，四周地势逐渐降低（图 1–2）。

区域类地图

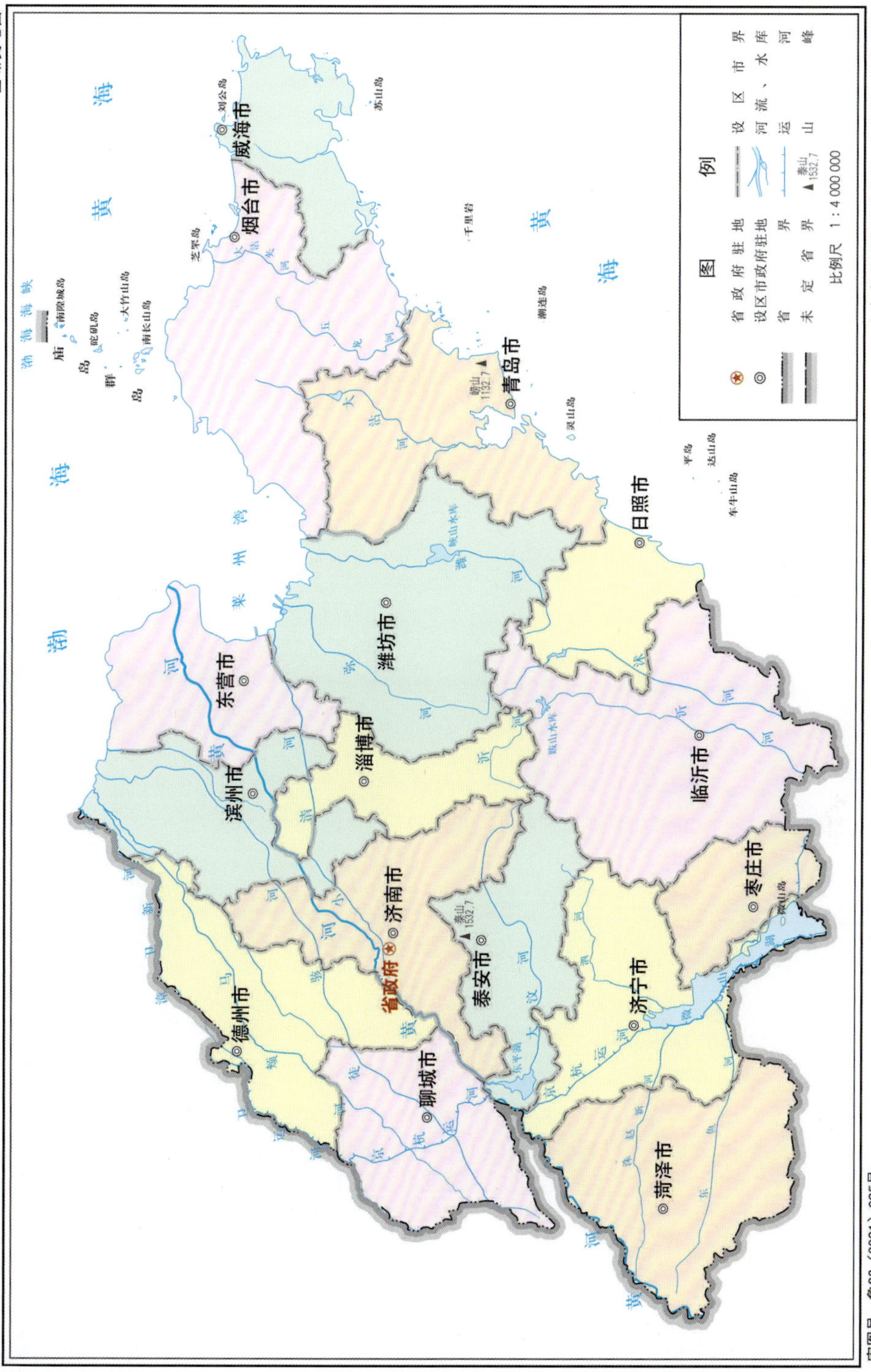

审图号：鲁SG（2021）025号

山东省自然资源厅监制 山东省地图院编制

图 1-1 山东省行政图

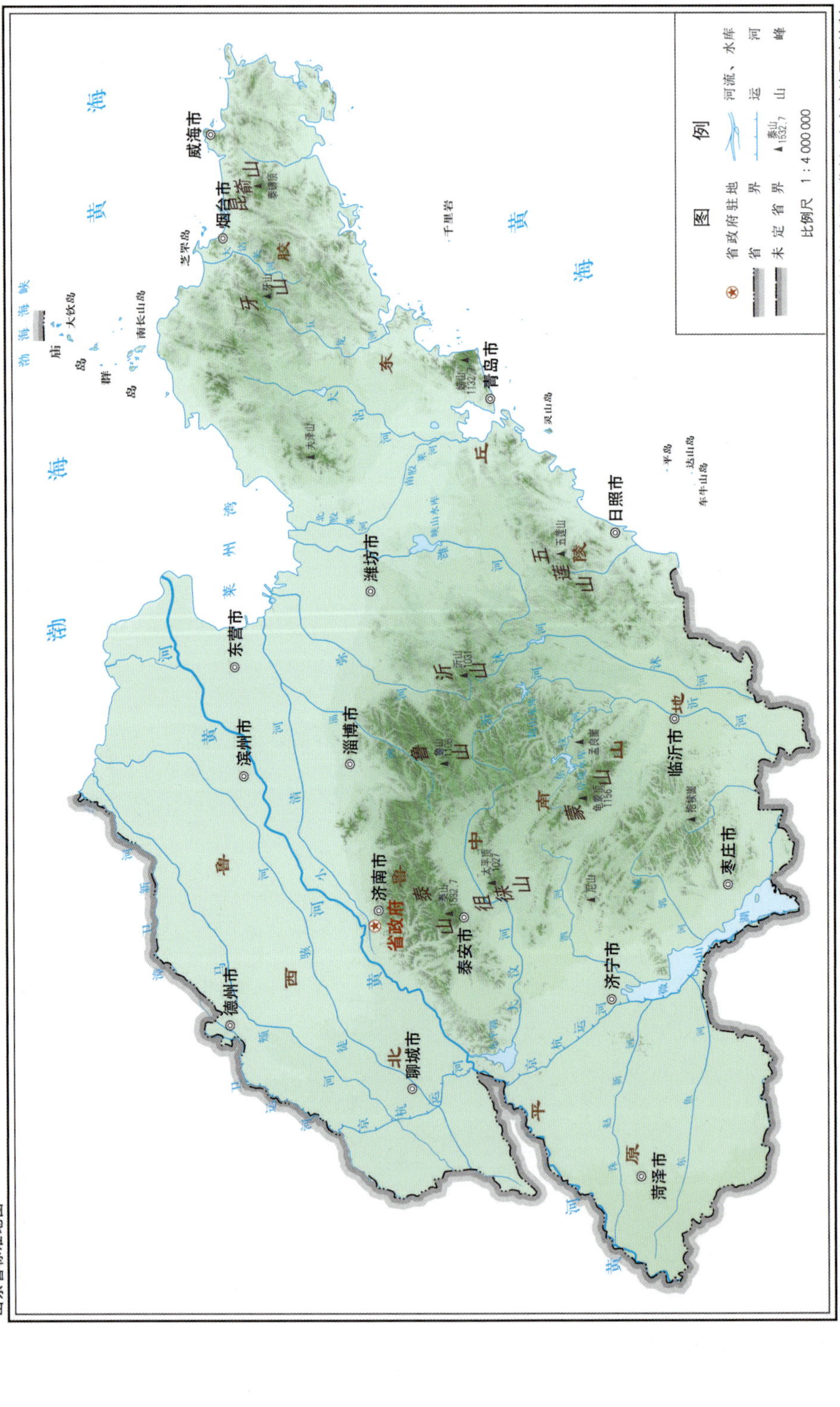

山东省地图
自然地理版
山东省标准地图
审图号：鲁SG（2021）026号
山东省自然资源厅监制　山东省地图院编制
图例
省政府驻地
省界
未定省界
河流、水库
运河
山峰
比例尺　1：4 000 000
渤海
黄海
莱州湾
渤海海峡
庙岛群岛
南长山岛
大钦岛
千里岩
灵山岛
达山岛
平岛
车牛山岛
威海市
烟台市
青岛市
日照市
潍坊市
东营市
滨州市
淄博市
济南市
省政府
泰安市
济宁市
临沂市
枣庄市
德州市
聊城市
菏泽市
胶东丘陵
鲁中南山地丘陵
鲁西北平原
泰山
沂山
鲁山
蒙山
五莲山
昆嵛山
牙山
黄河
小清河
京杭运河
南四湖

图1-2　山东省地形图

山东的地貌类型包括中山、低山、丘陵、台地、盆地、平原、湖泊、海岸等多种类型，海拔超过 1000 m 的中山共 6 座，为泰山、鲁山、沂山、蒙山、徂徕山和崂山，总面积 2822.40 km^2，占全省面积的 1.81%；海拔 500 ~ 1000 m 的低山共 33 座，总面积 14 554.20 km^2，占全省面积的 9.34%，较著名的有昆嵛山、艾山、牙山、招虎山、大泽山、罗山、五莲山、长白山、嵩山、抱犊崮等；丘陵地貌海拔 200 ~ 500 m，全省共 58 座，总面积 36 845.39 km^2，占全省面积的 23.65%。其中砂石丘陵占 78%，青石丘陵占 22%，前者主要分布在山东半岛和鲁中南地区，后者主要见于鲁中南地区；平原总面积为 91 851.98 km^2，占全省面积的 58.96%，包括山间平原、冲积扇、黄泛平原、黄河三角洲等，其中黄河三角洲最著名；湖泊包括南四湖、东平湖、白云湖等天然与人工湖泊，总面积 1400 km^2，占全省面积的 0.90%。山东省的地貌，根据形成相同、成因相近及地区相连等原则，可以划分为三大地貌区，即鲁东丘陵区，鲁中南山地丘陵区，鲁西、鲁北冲积平原区。

地质、地貌作为植物分布的生态因素，主要是通过成土母质和海拔等引起水热条件再分配及形成小环境，从而作用于植物，在一定情况下，常能起到明显的生态效果。一般来说，山东省的山地丘陵区，光照、热量条件南坡优于北坡，而水分及土壤状况，北坡又好于南坡。这是由于北坡温度低、蒸发弱造成的。而植物的分布，在阳坡常为耐干旱贫瘠的麻栎林和灌草丛，阴坡多为松林和落叶杂木林。相应的，阴坡的植物多样性往往多于阳坡（王仁卿 等，2000）。

从大的地貌区域来说，鲁东丘陵区的植物种类最丰富，各种稀有濒危植物也多；鲁中南山地丘陵区种类次之，也有多种珍稀濒危植物；鲁西、鲁北冲积平原区植物种类相对少，但也有特色，如鲁西南的南四湖等湖泊湿地，有多种多样的水生植物，而黄河三角洲则有多种耐盐的植物种类。

二、气候

山东省的气候属于暖温带季风气候类型，夏季盛行东南风，炎热多雨；冬季多西北风，寒冷干燥；春季干旱少雨且多风沙；秋季常出现“秋高气爽”的景象，降水较少。一年之中，雨量集中于夏季的 6、7、8 三个月，且年变率较大，因此旱涝灾害频频发生，时常为“春旱夏涝秋又旱”。从全省的气候大势看，山东半岛与鲁中南山区的热量、降水较为优越，鲁北、鲁西地区稍差，这些特点与季风变化及地理位置、地形等因素密切相关。

山东省是季风活动较明显的地区，冬季受西伯利亚、蒙古一带高气压的控制，盛行寒冷干燥的西北风；夏季则受大陆低气压、副热带高气压的影响和来自太平洋、赤道湿气流的控制，又盛行湿热的东南风。春、秋是两种气流交替的过渡时期。山东省位于中纬度，太阳高度角（以济南为代表）从冬至的 29° 49′ 增加到夏至的 76° 49′，日照时数从冬至日的 9 小时 39 分增加到夏至日的 14 小时 40 分，这就决定了山东省冬冷夏热的特点。山东省西连大陆、东临黄海，对省内气候也有着显著的影响。这是由于海水容纳热量的能力大于陆地，当它们接受同等的太阳热量时，海水温度的上升和下降都比陆地来得迟缓，因此，春夏滨海的气温低于内陆，而秋冬滨海气温则高于内陆。

热量条件是决定植被分布的主导因子之一。山东省的年平均温度在 11 ~ 14℃ 之间。鲁西南和鲁北平原的平均气温多在 13℃ 以上，鲁东（山东半岛）和黄河三角洲多在 12℃ 以下。冬季在 1 月份气温最低，平均气温在 −1 ~ 4℃ 之间，极端最低气温为 −11 ~ −20℃；夏季在 7 月份气温最高，平均 24 ~ 27℃。山东半岛东端气温最低，在 24℃ 以下。全省各地无霜期一般为 180 ~ 220 天，以鲁西南和鲁南的无霜期较长。≥ 10℃ 的积温全省在 3800 ~ 4600℃ 之间，因此山东的热量资源是丰富的。

降水是影响和决定植物分布的另一主导因子。省内年平均降水量在 550 ~ 950 mm 之间。降水量分布的趋势，大致由东南向西北逐渐减少，以鲁东南和鲁南降水量最大，一般在 800 ~ 900 mm，鲁西北和黄河三角洲降水量最小，一般在 600 mm 以下。

温度和热量，常称为水热条件。山东半岛及鲁南地区的水热条件较优越，因此植物区系成分较复杂，植被类型也多样。在山东半岛东南和鲁南，除了典型的温带植物成分，还可见到一些亚热带植物成分，如常绿的红楠（*Machilus thunbergii*）、山茶（*Camellia japonica*）以及落叶的野茉莉（*Styrax japonicus*）、白木乌桕（*Neoshirakia japonicum*）、三桠乌药（*Lindera obtusiloba*）等。在这些地区茶（*Camellia sinensis*）、毛竹（*Phyllostachys edulis*）等的引种，也有 60 多年的历史。

三、水文

山东水域包括黄河、海河和淮河三大流域，以及半岛水系。山东省境内自然河流的平均密度为每平方千米约 0.7 km，有 1000 多条河流的长度超过 50 km。黄河是山东的第一大河，自西南向东北横穿鲁西平原（从菏泽进入山东境内，在东营市垦利区入海），山东段全长 628 km，流域面积 1.83 万 km^2。淮河流域有沂河、沭河、大运河等，水系发达。海河流域有徒骇河、马颊河、德惠新河、漳卫河等多条大的河流。其他大型河流还有大汶河、洙赵新河、小清河、潍河、大沽河、五龙河等。山东省的河流主要是依靠天然降水补给，春季河水干枯断流，夏季河水又漫溢成灾，鲁中山区和半岛的河流更是源短流急，容易造成山洪暴发。山东省的湖泊主要分布在鲁中南丘陵区和鲁西南平原区之间，分为两大湖群，即南四湖和北五湖，南四湖为全国十大淡水湖之一。

水系的发达，为水生植物提供了有利条件，成为植物自然分布和农、林、牧、渔业的有利因素，不同水系成为湿生和沼生植物与湿地植被分布的场所（图 1–3）。

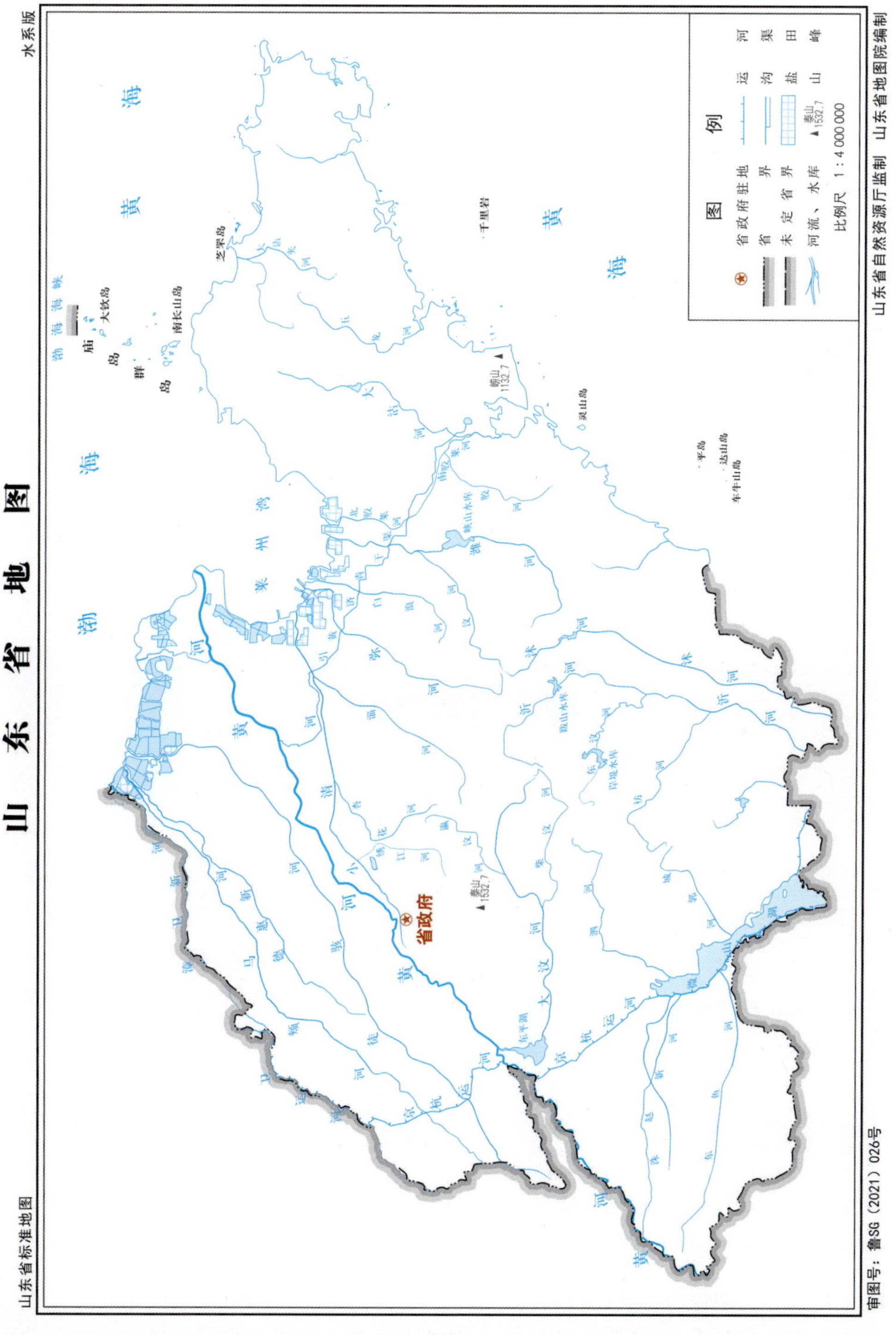
山东省地图
水系版
图例
省政府驻地
省界
未定省界
河流、水库
运河
沟渠
盐田
山峰
比例尺 1：4 000 000
山东省自然资源厅监制　山东省地图院编制
山东省标准地图
审图号：鲁SG（2021）026号
省政府
渤海
黄海
莱州湾
渤海海峡
黄河
小清河
京杭运河
泰山 1532.7
崂山 1132.7

图 1-3　山东省水系图

四、土壤

山东省的地带性土壤，从东向西有规律地分布着棕壤（棕黄土）和褐土（黄土）两个类型。棕壤，主要分布于胶东和沭东丘陵区及鲁中南山区，土壤中易溶性盐类和碳酸盐淋失较强，全剖面无石灰反应，呈微酸性（pH 为 6 左右）。褐土主要分布于省内沿胶济、京沪铁路两侧的山前平原地带和鲁中山地中下部的梯田河谷阶地上。成土母质多为石灰岩、钙质砂页岩，或富含钙质的厚层黄土及黄土堆积物上。土壤的特征是，年腐殖质层之下，黏化层呈棕色，在较紧实的钙积层中，钙质新生体多呈白色假菌体或结核存在。褐土多具壤质和重壤的性质，自然肥力较高，是省内的肥沃土壤之一。山东省的非地带性土壤，主要有山地草甸型土、潮土、盐碱土及砂姜黑土等 4 个类型。盐碱土主要分布于鲁北、鲁西北平原的洼地边缘、河间洼地及黄河沿岸和黄河三角洲。

植物的地理分布主要和地区的水热条件有密切的关系，但是土壤因子所起的作用不能忽视。例如，在棕壤分布区内，常是以松（*Pinus*）、栎（*Quercus*）林为主；在褐土分布区内，侧柏（*Platycladus orientalis*）林的面积最大。在黄河三角洲等盐碱土区，最常见分布的是有多种耐盐的灌木和草本植物（周光裕，1955）。

植物资源概况

山东省属于暖温带落叶阔叶林区域，地带性植被是落叶阔叶林（中国植被编辑委员会，1980；王仁卿 等，2000），植物种类较丰富。据《山东植物志》资料，山东省计有维管植物 2321 种（其中包括 196 变种和 36 变型），隶属于 183 个科 896 属（陈汉斌 等，1990，1997）。其中蕨类植物 250 种（包括变种），裸子植物 184 种（包括变种、变型），被子植物 1887 种（包括变种、变型）。除去引种栽培及外来种，属于自然分布的有 154 科 616 属 1656 种。

一、植物区系特点

山东省在中国植物区系的分区上，隶属于泛北极植物区的中国－日本森林植物亚区、华北地区中的辽东、山东半岛亚地区和华北平原、山地亚地区。山东半岛在前一亚地区，其他部分划在后一亚地区。

由于山东省地处我国暖温带的南部，和植物区系丰富的亚热带相毗连，它们之间没有植物迁移的自然阻隔，在西部和北部也都以大平原与邻省相连，因此就使得热带、亚热带起源的植物由南部侵入，而另一些起源于欧洲、中亚细亚的成分则由西部分布到山东省；西伯利亚、蒙古等北方成分，也可以不受地形阻挡而南下。此外，山东半岛在地史上又曾和辽东半岛相连，因此各种东北成分的植物又多与之沟通。中国和日本也是在新生代才分离的，山东省和日本又相距较近，植物区系中因而也多日本成分(周光裕，1955，1986)。由于以上原因，山东省的植物区系就有比较多样的色彩，归纳起来，主要有 5 种类型。

1. 华北植物区系成分

山东省在自然区划上属华北地区，因此，自然生长的植物种类，以华北地区常见种类为主，如赤松（*Pinus densiflora*）、油松（*Pinus tabuliformis*）、侧柏（*Platycladus orientalis*）、麻栎（*Quercus acutissima*）、胡枝子（*Lespedeza bicolor*）等。

2. 东北植物区系成分

在地质历史上，胶东半岛曾与辽东半岛、日本、朝鲜有联系，因而也含较多的东北区系成分。木本的有毛榛（*Corylus mandshurica*）、坚桦（*Betula chinensis*）、千金榆（*Carpinus cordata*）、辽椴（*Tilia mandshurica*）等。草本的有细辛（*Asarum heterotropoides*）、褐毛铁线莲（*Clematis fusca*）、白鲜（*Dictamnus dasycarpus*）、朝鲜苍术（*Atractylodes koreana*）等。

3. 亚热带植物区系成分

山东省由于地处沿海，气候温暖、湿润，温差小，许多南方亚热蒂的植物能够分布生长在这里。木本植物如化香树（*Platycarya strobilacea*）、枫杨（*Pterocarya stenoptera*）、山胡椒（*Lindera glauca*）、三椏乌药（*L. obtusiloba*）、红果山胡椒（*L. erythrocarpa*）、红楠（*Machilus thunbergii*）、白木乌桕（*Neoshirakia japonica*）、漆树（*Toxicodendron vernicifluum*）、山茶（*Camellia japonica*）、宜昌荚蒾（*Viburnum erosum*）等；草本植物有全缘贯众（*Cyrtomium falcatum*）、粟米草（*Trigastrotheca stricta*）、蜜柑草（*Phyllanthus ussuriensis*）、丁香蓼（*Ludwigia prostrata*）等。

4. 国外植物成分

由于人们经济活动的影响，山东也有一些国外的植物成分，其中以日本成分和欧美成分居多数。属于日本成分的有日本冷杉（*Abies firma*）、日本落叶松（*Larix kaempferi*）、黑松（*Pinus thunbergii*）、日本花柏（*Chamaecyparis pisifera*）等；属于欧美成分的有欧洲云杉（*Picea abies*）、北美短叶松（*Pinus banksiana*）、火炬松（*Pinus taeda*）、湿地松（*Pinus elliottii*）、落羽杉（*Taxodium distichum*）、北美香柏（*Thuja occidentalis*）、北美鹅掌楸（*Liriodendron tulipifera*）、刺槐（*Robinia pseudoacacia*）、火炬树（*Rhus typhina*）等。其中刺槐是在 19 世纪末首先引入青岛，然后很快发展到山东省各地乃至全国的，已成为山东省分布最广的树种之一。

5. 特有成分

山东省的自然条件和全国相比较并不复杂，在地史上又早与整个大陆相连，因此特有种类不很多，且多以崂山山脉为分布中心，如青岛百合（*Lilium tsingtauense*）、山东银莲花（*Anemone shikokiana*）、腺毛翠雀（*Delphinium grandiflorum* var. *gilgianum*）等（樊守金 等，2003；臧德奎，2016，2017；李文清 等，2016）。

中国特有成分：指中国特有也见于山东的属，这一类型在山东有 8 属，占山东植物总属数的 1.3%。除单种的青檀属（*Pteroceltis*）是木本植物外，其他的 7 属都是草本植物，有山茴香属（*Carlesia*）、地构叶属（*Speranskia*）、盾果草属（*Thyrocarpus*）、地黄属、假贝母属（*Bolbostemma*）、猬菊属（*Olgaea*）和知母属（*Anemarrhena*）等，其中山茴香属、假贝母属和知母属均为单种属。目前还没有山东特有属。

山东特有种约 38 种，占山东植物总种数的 2.29%。其中蕨类植物有 10 种，即山东假蹄盖蕨（*Deparia shandongensis*）、鲁山假蹄盖蕨（*Deparia lushanensis*）、蒙山粉背蕨（*Aleuritopteris mengshanensis*）、崂山鳞毛蕨（*Dryopteris laoshanensis*）、泰山鳞毛蕨（*D. taishanensis*）、山东贯众（*Cyrtomiumy shandongense*）、山东鞭叶耳蕨（*Polystichum shandongense*）、山东假瘤蕨（*Phymatopsis shandongensis*）等。被子植物 29 种，如胶东桦（*Betula jiaodongensis*）、五莲杨（*Populus wulianensis*）、泰山盐麸木（*Rhus taishanensis*）、胶东椴（*Tilia jiaodongensis*）、泰山椴（*T. taishanensis*）、山东山楂(*Crataegus shandongensis*)、威海鼠尾草(*Salvia weihaiensis*)、胶东景天(*Sedum jiaodongense*）、山东瓦松（*Orostachys fimbriatus* var. *shandongensis*）、青岛老鹳草（*Geranium tsingtauense*）、山东银连花（*Anemone chosenicola* var. *schantungensis*）、烟台翠雀（*Delphinium cheboense*）、山东丰花草（*Borreria shandongensis*）、泰山母草（*Lindernia taishanensis*）、泰山谷精草（*Eriocaulon taishanensis*）、泰山韭（*Allium taishanense*）及矮齿韭（*A. brevidentum*）等。

按吴征镒划分的中国植物区系的 15 个属的分布类型，山东的维管植物中各类型的属数及所占比例统计见表 1–1（陈汉斌 等，1996）。上述类型再按大的分布区类型归类，各类所占比例见表 1–2。

表 1–1　山东维管植物属的分布类型

序号	分布区类型	山东属数	占山东总属数 /%（不包括世界分布）	山东种数	占山东总种数 /%（不包括世界分布）
1	世界分布	84		457	
2	泛热带分布	101	18.98	207	17.26
3	热带亚洲 – 热带大洋洲分布	14	2.63	16	1.33

（续表）

序号	分布区类型	山东属数	占山东总属数 /%（不包括世界分布）	山东种数	占山东总种数 /%（不包括世界分布）
4	热带亚洲－热带非洲分布	9	1.69	14	1.17
5	热带美洲－热带亚洲间断分布	3	0.56	4	0.33
6	旧世界热带分布	14	2.63	22	1.83
7	热带亚洲分布	16	3.01	29	2.42
8	北温带分布	191	35.90	559	46.62
9	东亚和北美间断分布	35	6.58	70	5.84
10	旧世界温带分布	59	11.09	120	10.00
11	温带亚洲分布	12	2.26	29	2.42
12	地中海、西亚和中亚分布	13	2.44	19	1.58
13	中亚分布	2	0.38	2	0.17
14	东亚分布	55	10.34	100	8.34
15	中国特有	8	1.50	8	0.67
总计		616	100.00	1656	100.00

表 1–2　山东维管植物属的分布类型归类统计

分布区类型	山东属数	占山东总属数 /%（不包括世界分布）
世界分布	84	
热带分布	157	29.51
温带分布	352	66.17
古地中海和泛地中海分布	15	2.82
中国特有	8	1.50
总计	616	100

从表中可以看到，各类温带成分有352属，占山东总属数（不包括世界分布）的66.17%，所含种数为878，占山东总种数（不包括世界分布）的73.23%，充分说明温带属种在山东植物区系中起主导作用；各类热带成分有157属，占山东总属数（不包括世界分布）的29.51%，所含种数为292，占山东总种数（不包括世界分布）的24.35%，说明山东植物区系与热带分布的属种有较密切的联系；古地中海和泛地中海成分有15属，占2.82%；中国特有为8属，占1.50%。

山东植物区系的616属1656种中，草本植物占503属、1344种，分别占山东总属数和总种数的81.66%和81.16%，说明山东植物区系属于温带的性质，同时也反映出森林植被的稀少。

综上所述，可以看出山东植物区系中种子植物起决定性作用，区系性质属于北温带类型，而热带成分占较大比例，说明山东植物区系可能起源于古热带，或是古热带植物的孑遗。此外，山东植物区系中有单属科6，单种属和两种属27，共计33属，占山东植物总属数的5.36%，多属第三纪孑遗植物，这表明了山东植物区系的古老性。

山东省的植物区系虽然比较复杂，种类也相当丰富，但是作为植被建群种出现的却并不很多。山东省的植被类型主要包括针叶林、阔叶林和竹林、灌丛、灌草丛、草甸及水生植被、沼泽等7个主要类型。针叶林中主要是赤松、油松和侧柏，落叶阔叶林中常见的是麻栎、栓皮栎（*Quercus variabilis*）等，灌丛中常见的是胡枝子属的种类，草本中有黄背草（*Themeda triandra*）、白茅（*Imperata cylindrica*）等，沼泽和水生植物中以芦苇（*Phragmites australis*）、莲（*Nelumbo nucifera*）、菰（*Zizania latifolia*）多种眼子菜（*Potamogeton distinctus*）常见。

二、植物分布概况

从山东省植物的分布情况来看，山区多于平原，沿海多于内陆；鲁东低山丘陵区的植物种类最丰富，鲁中南山地丘陵区次之。鲁西南由于南四湖等水系的存在，有各种各样的沼泽和水生植物。种类最贫乏的是鲁北地区，由于多为平原，尤其是土壤盐渍化的原因，限制了植物的生存和分布，但较多的盐生植物是这一区域的植物资源特点（周光裕，1955；赵大昌，1996；王仁卿，2022）。

山东植被的地理差异虽然不很明显，但是也有一定的分布规律。

鲁东低山丘陵区东南部的崂山、大珠山、小珠山具有较多的亚热带成分，而且还可以成为群落的建群种。如崂山散生的乔木树种有红楠（*Machilus thunbergii*），灌木有山茶（*Camellia japonica*）、竹叶花椒（*Zanthoxylum armatum*）、淡竹、小花杜鹃（*Rododendron micranthum*）等，半常绿灌木有山胡椒（*Lindera glauca*）、红果山胡椒（*L. erythrocarpa*）等，常绿藤本植物有大叶胡颓子（*Elaeagnus macrophylla*）、胶州卫矛（*Euonymus jiautschorica*）、扶芳藤（*E. radicaus*）、爬行卫矛（*E. patens*）、络石（*Trachelospermum jasminoides*）等，还有典型的亚热带附生常绿草本植物蜈蚣兰（*Cleisostoma scolopendrifolium*），山茶和淡竹均可形成群落。特别一提的是，这一区域的兰科植物最为丰富，山东的兰科植物在这一区域大多能够见到。

鲁东丘陵和鲁中南地区落叶的亚热带有黄连木（*Pistacia chinensis*）、化香树（*Platycarya strobilacea*）、黄檀（*Dalbergia hupeana*）、苦木（*Picresma quassiodies*）、榔榆（*Ulmus parvifolia*）、白木乌桕（*Neoshirakia japonica*）、野茉莉（*Styrax japonicus*），以及多种灌木如白檀（*Symplocos tanakana*）、算盘子（*Glochidion puberum*）、一叶荻（*Flueggea suffruticosa*）、野花椒（*Zanthoxylum simulans*）、白棠子树（*Callicarpa dichotoma*）、日本紫珠（*Callicarpa bodinieri*）等，亚热带的草本植物也很多，如狗牙根、龙胆（*Gentiana scabra*）等。这些种类在鲁西平原和黄河以北，自然条件下很少出现。

栽培的亚热带经济作物，也多限于鲁东丘陵和鲁中南地区，茶（*Camellia sinensis*）在山东青岛和鲁南部分地区能正常生长，柑橘（*Citrus reticulata*）等在鲁南只需稍加保温，就能正常开花结果，其他落叶种类有乌桕、油桐（*Vernicia fordii*）和杜仲等。

海拔高度对植被分布有一定的影响，使植被具有垂直地带性。虽然山东省海拔最高的泰山仍然在森林带的范围以内，但是随着海拔的升高而限制了许多对热量要求较高的植物生长，因此许多植物群落的分布上限就有一定的限度，这些都是亚热带成分或者是起源于热带和亚热带的种类。相反的，一些对热量要求较低的植物，则只分布在海拔较高处，或者在高处生长良好。引自东北的其他树种如红松、樟子松（*Pinus sylvestris* var. *mongolica*）、黄檗（*Phellodendron amurense*）等，也只限于栽种在海拔较高的地段（周光裕，1955，1986；王仁卿 等，2000）。

三、稀有濒危植物

稀有濒危保护植物是指那些指具有重要的科研、生态、经济和文化、国际国内意义和价值，分范围小、数量小，或者处于灭绝或者有潜在威胁而需要保护的一类植物，如著名的水杉（*Metasequoia glyptostroboide*）、桫椤（*Alsophila spinulosa*）、人参（*Panax ginseng*）、珙桐（*Davidia involucrata*）等具有国际意义的植物，以及玫瑰（*Rosa rugosa*）、野大豆（*Glycine soja*）、青岛百合（*Lilium tsingtauense*）、珊瑚菜（*Glehnia littoralis*）、山茶（*Camellia japonica*）等具有国内和区域意义的植物。由于具有重要价值和面临威胁等问题，必须对这些植物采取措施进行保护，包括原地保护如建立自然保护区，迁地保护如建立植物园和繁育基地，以及种质和基因保护等如建立种子库、基因库等。（马克平，1993；傅立国，1992；王仁卿 等，1993；臧德奎，2017）

第二部分
山东稀有濒危保护植物

银杏

Ginkgo biloba L.

银杏科 | 银杏属

【特征】乔木，高达 40 m，胸径 4 m；树皮灰褐色，纵裂；大枝斜展，一年生长枝淡褐黄色，二年生枝变为灰色；短枝黑灰色。叶扇形，上部宽 5 ~ 8 cm，上缘有浅或深的波状缺刻；在短枝上 3 ~ 8 叶簇生。雄球花 4 ~ 6 生于短枝顶端叶腋或苞腋，长圆形，下垂，淡黄色；雌球花数个生于短枝叶丛中，淡绿色。种子椭圆形，倒卵圆形或近球形。

【物候期】花期 3 ~ 4 月，种子 9 ~ 10 月成熟。

【分布】仅浙江天目山有野生状态的树木。山东各山区及平原有引种栽培。山东省千年古树到处可见，最著名的是莒县浮来山 4000 多年的古银杏树。

【价值】珍贵的速生用材树种，供家具生产等用；种子可食用，也可药用；叶可药用和制杀虫剂，亦可作肥料；树形优美，可作庭园树及行道树。

【致危因子与保护理由】国家一级重点保护野生植物，冰川影响，为残存的活化石。

水蕨

Ceratopteris thalictroides (L.) Brongn.

凤尾蕨科 | 水蕨属

【特征】蕨类，高达 70 cm；根茎短而直立，一簇粗根着生淤泥。叶簇生，二型；不育叶柄长 3 ~ 40 cm，绿色，圆柱形，肉质，不或略膨胀，无毛，干后扁；叶片直立，或幼时漂浮，幼时略短于能育叶，窄长圆形，长 6 ~ 30 cm，渐尖头，基部圆楔形，二至四回羽状深裂；小裂片 2 ~ 5 对，互生，斜展，宽卵形或卵状三角形，长达 35 cm，具短柄，两侧具翅沿羽轴下延，深裂；末回裂片线形或线状披针形，长达 2 cm。孢子囊沿主脉两侧网眼着生，棕色，幼时被反卷叶缘覆盖，成熟后多少张开，露出孢子囊；孢子四面型，无周壁，外壁厚，分内外层，外层具肋条状纹饰。

【分布】生于池沼、水田或水沟的淤泥中，有时漂浮于深水面上。山东省主要分布在微山湖等地。

【价值】本种可供药用，茎叶入药可消痰积；嫩叶可做蔬菜。

【致危因子与保护理由】国家二级重点保护野生植物。人为干扰导致生境破坏，山东省境内种群小，仅在微山湖周边区域有发现。

■ 侯元同 摄

中华结缕草

Zoysia sinica Hance

禾本科 | 结缕草属

【特征】多年生草本，高 13 ~ 30 cm，基部常具宿存枯萎叶鞘；根茎横走。叶鞘无毛，长于或上部者短于节间，鞘口具长柔毛，叶舌短而不明显；叶淡绿或灰绿色，下面色较淡，长达 10 cm，宽 1 ~ 3 mm，无毛，稍坚硬，扁平或边缘内卷。总状花序穗形，小穗披针形或卵状披针形，黄褐或稍带紫色，长 6 ~ 8 mm，宽 1.0 ~ 1.5 mm，具长约 3 mm 的小穗柄；花药长约 2 mm；花柱 2，柱头帚状。颖果成熟时棕褐色，长椭圆形，长约 3 mm。

【物候期】花果期 5 ~ 10 月。

【分布】生于海边沙滩、河岸、路旁的草丛中。在山东主要分布于胶东及鲁中南。

【价值】叶片质硬，耐踩踏，宜铺建球场草坪。

【致危因子与保护理由】国家二级重点保护野生植物，生境退化。

青岛百合

Lilium tsingtauense Gilg

百合科 | 百合属

【特征】 鳞茎球形，高和径均 2.5 ~ 4.0 cm；鳞片披针形，长 1.0 ~ 2.5 cm，白色，无节；实生苗仅 1 叶，之后逐渐成 1（~ 2）轮，每轮具叶 5 ~ 14，长圆状倒披针形、倒披针形或椭圆形，长 10 ~ 15 cm，宽 2 ~ 4 cm，具短柄，无毛。花单生或 2 ~ 7 成总状花序；苞片叶状，披针形，长 4.5 ~ 5.5 cm；花梗长 2.0 ~ 8.5 cm；花橙红色，有紫红色斑点；蒴果陀螺形，6 棱。种子半圆形，有翅。

【物候期】 3 月中下旬发芽。崂山低海拔种群花期 6 月 5 日 ~ 25 日，山顶种群盛花期为 7 月 5 日左右。果期 8 ~ 9 月。

【分布】 山东崂山（主产区为北九水以南海拔 400 m 以上地带，如巨峰）数量多，大泽山、招虎山、昆嵛山也有。一般生于平坦、半阴、湿润、腐殖质较多之处，如疏林下。

【价值】 花叶优美，观赏价值高，为崂山名片之一；鳞茎可食用和入药。

【致危因子与保护理由】 国家二级重点保护野生植物，种子传播低效、光照不足时幼苗易死亡，采挖、采摘压力大，极端干旱事件可能削弱种群。但近一个世纪以来数量锐减，其稀缺性、观赏价值足以使之位列山东珍稀植物。

紫点杓兰

Cypripedium guttatum Sw.

兰科 | 杓兰属

【特征】植株高达 25 cm；根状茎细长，横走；茎直立，被短柔毛和腺毛；顶端具叶。叶 2 枚，极稀 3 枚，常对生或近对生，生于植株中部或中部以上，椭圆形或卵状披针形，长 5 ~ 12 cm，具平行脉，干后常黑或淡黑色。花序顶生 1 花，花序梗密被短柔毛和腺毛；花梗和子房被腺毛；花白色，具淡紫红或淡褐红色斑；中萼片卵状椭圆形，长 1.5 ~ 2.2 cm；合萼片窄椭圆形，长 1.2 ~ 1.8 cm；花瓣常近匙形或提琴形，长 1.3 ~ 1.8 cm。蒴果近窄椭圆形，下垂，长约 2.5 cm，被微柔毛。

【物候期】5 月发芽。花期 5 ~ 7 月，果期 8 ~ 9 月，9 月多枯萎。

【分布】生于海拔 500 ~ 4000 m 的林下、灌丛中或草地上。有来自山东崂山、泰山的标本。

【价值】全草入药。观赏价值高。

【致危因子与保护理由】国家二级重点保护野生植物，本种喜冷凉，在山东的适宜栖息地少，且生长条件较苛刻，小种群可能无法延续。

■ 赵宏 摄

大花杓兰

Cypripedium macranthos Swartz

兰科 | 杓兰属

【特征】植株高达 50 cm；茎直立，稍被短柔毛或无毛。叶 3 ~ 4，椭圆形或椭圆状卵形，长 10 ~ 15 cm，两面脉上略被短柔毛或无毛。花序顶生，具 1 花，极稀 2 花，花序梗被短柔毛或无毛；苞片两面脉常被微柔毛；花梗和子房无毛；花紫、红或粉红色，常有暗色脉纹，极稀白色；中萼片宽卵状椭圆形或卵状椭圆形，长 4 ~ 5 cm，无毛；合萼片卵形，长 3 ~ 4 cm；花瓣披针形，长 4.5 ~ 6.0 cm；退化雄蕊卵状长圆形，长 1.0 ~ 1.4 cm；蒴果窄椭圆形，长约 4 cm，无毛。

【物候期】花期 6 ~ 7 月，果期 8 ~ 9 月。

【分布】生于海拔 400 ~ 2400 m 的林下、林缘或草坡上腐殖质丰富和排水良好之地。山东地区有栽培。

【价值】具有观赏价值。

【致危因子与保护理由】国家二级重点保护野生植物，过度采挖，生境退化。

■ 赵宏 摄

天 麻

Gastrodia elata Bl.

兰科 | 天麻属

【特征】腐生（与真菌共生）的多年生草本，高达 1.5 m；根状茎块茎状，椭圆形，长 8 ~ 12 cm，茎橙黄或蓝绿色，无绿叶，下部被数枚膜质鞘。花序长达 30(~ 50) cm，具 30 ~ 50 花；花梗和子房长 0.7 ~ 1.2 cm，花扭转，橙黄或黄白色，近直立；花被筒长约 1 cm，径 5 ~ 7 mm，近斜卵状圆筒形，顶端具 5 裂片，两枚侧萼片合生处的裂口深达 5 mm，筒基部向前凸出；外轮裂片（萼片离生部分）卵状角形，内轮裂片（花瓣离生部分）近长圆形，唇瓣长圆状卵形，蕊柱倒卵状椭圆形。

【物候期】花期 6 ~ 7 月，果期 7 ~ 8 月。

【分布】目前仅知产于山东昆嵛山，生于湿润多腐殖质的林下，而文献记载的崂山种群可能已灭绝；也有栽培。历史上几乎遍布我国东部季风区各省（如今很多种群也被采挖殆尽）。

【价值】名贵中药。

【致危因子与保护理由】国家二级重点保护野生植物，因过度采挖，现存种群小而孤立，难以扩散。如今人工栽培天麻的技术已较成熟，但野生者仍奇货可居，盗采风险犹存。

大叶榉树

Zelkova schneideriana Hand.-Mazz.

榆科 | 榉属

【特征】乔木，高达 35 m，胸径 80 cm；树皮灰褐至深灰色，不规则片状剥落；一年生枝密被伸展灰色柔毛；冬芽常 2 个并生。叶卵形或椭圆状披针形，长 3 ~ 10 cm，先端渐尖、尾尖或尖，基部稍偏斜，圆或宽楔形，稀浅心形，上面被糙毛，下面密被柔毛，具圆齿状锯齿，侧脉 8 ~ 15 对；叶柄长 3 ~ 7 mm，被柔毛。雄花 1 ~ 3 朵生于叶腋，雌花或两性花常单生于幼枝上部叶腋。核果几乎无梗，淡绿色，斜卵状圆锥形，上面偏斜，凹陷，直径 2.5 ~ 3.5 mm，具背腹脊，网肋明显，表面被柔毛，具宿存的花被。

【物候期】花期 4 月，果期 9 ~ 11 月。

【分布】常生于溪间水旁或山坡土层较厚的疏林中。山东塔山、泰山、崂山、济南、刘公岛有分布。

【价值】木材致密坚硬，其老树材常带红色，故有“血榉”之称，可供造船、桥梁、家具、器械等用；树皮为人造棉、绳索和造纸原料。

【致危因子与保护理由】国家二级重点保护野生植物，我国珍贵硬阔叶用材树种，应予以保护。

莲

Nelumbo nucifera Gaertn.

睡莲科 | 莲属

【特征】多年生水生草本；根茎肥厚，横生地下。叶盾状圆形，二型；浮叶漂浮；立叶伸出水面，径 25 ~ 90 cm，叶柄长度因水位可达 2 m 甚至以上，中空，常具刺。花径 10 ~ 20 cm；萼片 4 ~ 5，早落；花瓣多数，粉红、白或复色（一般认为北方野生型粉红色、单瓣）；花丝细长，药隔棒状；心皮埋于倒圆锥形花托穴（莲蓬）内。坚果椭球形，长 1.5 ~ 2.5 cm。种子卵形或椭圆形，长 1.2 ~ 1.7 cm，种子红或白色。

【物候期】山东济南大明湖种群 4 月中旬浮水叶（浮叶）出水，5 月上半月挺水叶（立叶）出水；6 月 10 日左右始花，盛花期 7 月，9 月下旬仍偶见开花；10 月初可见果熟，11 月中旬左右叶陆续枯萎。山东南四湖种群 8 月下旬仍盛花，热带地区种群常绿并全年开花结果。

【分布】山东常见栽培于池塘、水田中，野生种群可能仅限于南四湖、东平湖等古老、大型淡水水域的浅水中。

【价值】根状茎（藕）作蔬菜或提制藕粉；种子（去壳莲子）、花瓣甚至嫩叶供食用；叶、莲子可制茶；全株各部位几乎均为中药；叶可包装食物。花叶清雅，为我国传统名花。

【致危因子与保护理由】国家二级重点保护野生植物，栖息地破坏；种群维持和扩散困难。

玫瑰

Rosa rugosa Thunb.

蔷薇科 | 蔷薇属

【特征】落叶灌木，除叶面外，绿色部分密被柔毛和腺毛；茎粗壮，小枝密生针刺、皮刺，皮刺淡黄色，被茸毛。小叶 5 ~ 9，连叶柄长 5 ~ 13 cm，小叶近椭圆形，长 15 ~ 45 cm，有尖锐锯齿，叶脉下陷；托叶离生部分小，卵形。花 1 至数朵簇生，径 4.0 ~ 5.5 cm；苞片卵圆形；萼片卵状披针形，常有羽状裂片，上面有稀疏柔毛；花瓣 5 至（栽培者）重瓣，紫红或白色；花柱离生，被毛，短于雄蕊。蔷薇果扁球形，径 2.0 ~ 2.5 cm，熟时砖红色，肉质，平滑，萼片宿存。

【物候期】花期 5 ~ 6 月，果期 8 ~ 9 月。

【分布】产于山东烟台、威海、青岛沿海，生于海滨（偶见于离海较远处）的沙滩外围、林下等处。山东全省有栽培，平阴有大规模商业化种植。

【价值】鲜花极香，可蒸炼芳香油或制饼馅、玫瑰酒、糖浆，干制后可泡茶；花蕾入药。

【致危因子与保护理由】国家二级重点保护野生植物，栖息地破坏严重，采挖压力大，繁殖困难。本种常无性生殖，自交难以繁殖，岸线被侵占、种群破碎化致基因交流减少，使山东野生种群遗传多样性更低，可能陷入遗传“瓶颈”。

野大豆

Glycine soja Siebold & Zucc.

豆科 | 大豆属

【特征】一年生缠绕草本；疏被褐色长硬毛；根草质，侧根密生于主根上部；茎纤细，长 1 ~ 4 m。羽状复叶互生，具 3 小叶，长 14 cm；顶生小叶卵圆形或卵状披针形，长 3.5 ~ 6.0 cm，先端急尖或钝，基部圆，两面均密被绢质糙伏毛，侧生小叶偏斜。总状花序长约 10 cm；花小，长约 5 mm；苞片披针形；花萼钟状，裂片三角状披针形；花冠紫（罕白）色，旗瓣近倒卵圆形，基部具短瓣，翼瓣斜半倒卵圆形，短于旗瓣，瓣片基部具耳，瓣柄与瓣片近等长，龙骨瓣斜长圆形，短于翼瓣，密被长柔毛。

【物候期】花期 7 ~ 9 月，果熟期 9 ~ 10 月。

【分布】生于荒地、水边、路边甚至园林中，常攀附在其他植物（如芦苇）上。黄河三角洲大面积出现，可形成群落。。

【价值】全株可作家畜饲料、牧草、绿肥，并可药用；种子可代大豆食用、制酱、酱油和豆腐等，油粕是优良饲料和肥料；大豆的野生亲本和最重要的育种资源。

【致危因子与保护理由】国家二级重点保护野生植物，本种在山东野外数量很大，并无灭绝风险。野大豆是大豆的重要育种资源。

甘草

Glycyrrhiza uralensis Fisch.

豆科 | 甘草属

【特征】多年生草本；根与根状茎粗壮，外皮褐色，里面淡黄色，含甘草甜素。羽状复叶长 5 ~ 20 cm，叶柄密被褐色腺点和短柔毛；小叶 5 ~ 17，卵形、长卵形或近圆形，长 1.5 ~ 5.0 cm，两面均密被黄褐色腺点和短柔毛，基部圆，先端钝，全缘或微呈波状。总状花序腋生；花序梗密被鳞片状腺点和短柔毛；花萼钟状，长 0.7 ~ 1.4 cm，密被黄色腺点和短柔毛；花冠紫、白或黄色，长 1.0 ~ 2.4 cm；子房密被刺毛状腺体。荚果线形，弯曲呈镰刀状或环状。种子 3 ~ 11，圆形或肾形。

【物候期】花期 6 ~ 8 月，果期 7 ~ 10 月。

【分布】产于山东滨州沾化，东营河口区、垦利、广饶和青岛等地。生于河岸沙地、盐碱地，也有栽培。

【价值】根和根状茎是著名中药“甘草”；可提取甜味物质为食品添加剂，以及做灭火器泡沫剂等；强健耐旱，为固沙和绿化植物。

【致危因子与保护理由】国家二级重点保护野生植物，过度采挖，栖息地破坏。

软枣猕猴桃

Actinidia arguta (Sieb. et Zucc.) Planch. ex Miq.

猕猴桃科 | 猕猴桃属

【特征】落叶大藤本；小枝髓片状；叶互生，膜质，较大，阔椭圆形，有时为阔倒卵形，长 8 ~ 12 cm，宽 5 ~ 10 cm，基部圆形，边缘锯齿不内弯；背面仅脉腋上有白色髯毛；叶脉很不发达；无白化部分。花单性（雄花有退化子房，雌花有不育雄蕊）；腋生聚伞花序具 3 ~ 6 花，被淡褐色短茸毛，花序梗长 0.7 ~ 1.0 cm。果熟时绿黄色，近球形至柱状长圆形，长 2 ~ 3 cm，顶端有不明显的钝喙。

【分布】零散产于山东全省各大山区，如泰山、徂徕山、崂山、招虎山、牙山、昆嵛山、正棋山等。常生于花岗岩基质、有一定遮阴的混交林中，多覆盖在其他木本植物上。

【价值】果味甘美且营养价值高，优良的观赏藤本，在国外应用较多。

【致危因子与保护理由】国家二级重点保护野生植物，有采摘压力；种群分散，传粉可能存在困难。另外，旅游区建设、修建防火道或开辟防火带时可能毁坏植株。

中华猕猴桃

Actinidia chinensis Planch.

猕猴桃科 | 猕猴桃属

【特征】落叶藤本；幼枝被灰白色茸毛、褐色长硬毛或锈色硬刺毛，后脱落无毛；髓心白至淡褐色，片层状；芽鳞密被褐色茸毛。叶纸质，营养枝之叶宽卵圆形或椭圆形，先端短渐尖或骤尖；花枝之叶近圆形，先端钝圆、微凹或平截；叶长 6 ~ 17 cm，宽 7 ~ 15 cm，基部楔状稍圆、平截至浅心形，具睫状细齿，上面无毛或中脉及侧脉疏被毛，下面密被灰白或淡褐色星状茸毛；叶柄长 3.0 ~ 6.0(~ 12.7) cm，被灰白或黄褐色毛。聚伞花序 1 ~ 3 花，花序梗长 0.7 ~ 1.5 cm；苞片卵形或钻形，长约 1 mm，被灰白或黄褐色茸毛；花初白色，后橙黄，径 1.8 ~ 3.5 cm；子房密被黄色茸毛或糙毛。果黄褐色，近球形，长 4 ~ 6 cm，被灰白色茸毛，易脱落，具淡褐色斑点，宿萼反折。

【物候期】花期 4 月中旬~ 5 月中下旬，南部较早、北部较晚。

【分布】生于海拔 200 ~ 600 m 低山区的山林中，一般多出现于高草灌丛、灌木林或次生疏林中，喜欢腐殖质丰富、排水良好的土壤；分布较北者喜生于温暖湿润、背风向阳处。山东各地有引种栽培。

【价值】果实营养丰富，经济价值较高。

【致危因子与保护理由】国家二级重点保护野生植物，生境受到人为干扰。

山茴香

Carlesia sinensis Dunn

伞形科 | 山茴香属

【特征】 多年生草本，全株有香气，高达 30 cm；主根圆锥形；茎有分枝。基生叶多数，三回羽裂，小裂片线形，有叶鞘；茎生叶二至三回羽裂，小裂片线形。复伞形花序顶生、腋生；总苞片数枚，线形，长 5 ~ 8 mm，宽约 1 mm；伞辐 7 ~ 12(~ 23)，长 1 ~ 3 cm，小总苞片钻形或线形，长 2 ~ 5 mm；花白色，有短梗；萼齿卵状三角形，长不及 1 mm，有毛；花瓣倒卵形，基部窄，先端有内折小舌片，中脉 1 条；雄蕊长于花瓣；花柱基圆锥形，花柱花后与果近等长。果长倒卵形或长椭圆状卵形，被短糙毛，主棱钝，每棱槽 3 油管，胚乳腹面平直。

【物候期】 山东崂山种群花果期 6 ~ 10 月。

【分布】 产于山东崂山、昆嵛山，据记载沂山、蒙山等也有。生于山中上部的花岗岩石缝中，或在石间薄土上。

【价值】 根可入药；全草可作香料。

【致危因子与保护理由】 国家二级重点保护野生植物，有一定采挖压力，酸雨或气候变化背景下极端天气也有威胁。生态位较狭窄，数量较少，山东各种群被天然隔离。

珊瑚菜

Glehnia littoralis Fr. Schmidt ex Miq.

伞形科 | 珊瑚菜属

【特征】 植株高达 25 cm，有胡萝卜气味，被白色柔毛；根圆柱形，长达 70 cm；叶长 5 ~ 12 cm，三出一至二回羽裂，裂片卵圆形或近椭圆形，有粗锯齿。花序梗长 4 ~ 10 cm，密被白或灰褐色茸毛，无总苞片；伞辐 10 ~ 14，小总苞片 8 ~ 12，线状披针形；伞形花序有 15 ~ 20 朵花。果球形，长 0.6 ~ 1.3 cm，径 0.6 ~ 1.0 cm，密被长柔毛及茸毛，果棱有木栓质翅。

【物候期】 在山东青岛、海阳一带 4 月下旬已发芽；花期 5 ~ 7 月，果熟期 7 ~ 9 月，9 月已有植株枯萎。分布区南部花期更早，北部较晚。

【分布】 历史上几乎遍布山东烟台莱州到日照的半岛沿海，近 10 年来该范围内仍有零散记录；山东省内外均有栽培。生于海边沙滩（或沙石滩）上部，距潮间带一般不超过 100 m，常和其他海滨植物伴生。

【价值】 根在加工后为药材“北沙参”，也有将根磨粉供食用的。叶可作野菜。

【致危因子与保护理由】 国家二级重点保护野生植物，栖息地破坏和退化严重，有采挖压力。本种居群内变异丰富、遗传多样性高，经济价值较大，极有必要进行保护。

矮鸢尾

Iris kobayashii Kitagawa

鸢尾科 | 鸢尾属

【特征】多年生密丛草本，植株基部围有残留折断的老叶叶鞘，黄褐或棕褐色；根状茎块状，短粗，木质，棕褐色；须根黄棕色，分枝少。叶略扭曲，狭条形，长 10 ~ 20 cm，宽约 3 mm，顶端渐尖，无明显中脉。花梗短；苞片 2 ~ 3，草质（果熟时枯萎），先端长渐尖，其中生少数花；花被片在山东常为黄白色，但大连种群带紫色。蒴果长圆形，长约 2 cm，直径 7 ~ 8 mm，有 6 条突起的肋，顶端有短喙。

【物候期】花期 4 ~ 5 月（在济南 4 月末为盛花期），7 ~ 8 月果实成熟。

【分布】产于山东济南、潍坊、临沂、烟台，辽宁、吉林、内蒙古也有。生于干燥的丘陵地，石灰岩或火成岩基质上均可生长。

【价值】习性强健，花色奇特，可开发为优良的春季观赏花卉。

【致危因子与保护理由】极危物种，栖息地破坏，人工采挖。

白皮松

Pinus bungeana Zucc. ex Endl.

松科 | 松属

【特征】乔木，高达 30 m，胸径 3 m；主干明显，或从树干近基部分生数干；幼树树皮灰绿色，平滑，长大后树皮裂成不规则块片脱落，内皮淡黄绿色，老树树皮淡褐灰色或灰白色，块片脱落露出粉白色内皮，白褐相间或斑鳞状。针叶 3 针一束，粗硬，长 5 ~ 10 cm，径 1.5 ~ 2.0 mm。球果卵圆形或圆锥状卵圆形，长 5 ~ 7 cm，径 4 ~ 6 cm，熟时淡黄褐色。种子近倒卵圆形，长约 1cm，灰褐色，种翅短，长约 5 mm，有关节，易脱落。

【物候期】花期 4 ~ 5 月，球果翌年 10 ~ 11 月成熟。

【分布】我国特有，生于海拔 500 ~ 1800 m 地带。本种为喜光树种，耐瘠薄土壤及较干冷的气候。山东济南、青岛、聊城、泰安、潍坊、曲阜、滨州、临沂蒙山等地均有栽培。

【价值】可作房屋建筑、家具、文具等用材；树姿优美，为优良的庭园树种。

【致危因子与保护理由】濒危物种，中国特有种。

全缘贯众

Cyrtomium falcatum (L. F.) Presl

鳞毛蕨科 | 贯众属

【特征】植株高 30 ~ 40 cm；根茎直立，密被披针形棕色鳞片。叶簇生，叶柄长 15 ~ 27 cm，禾秆色，密被卵形棕色或中间带黑棕色边缘流苏状鳞片，向上近光滑；叶片宽披针形，长 22 ~ 35 cm，宽 12 ~ 15 cm，奇数一回羽状，侧生羽片 5 ~ 14 对，互生；叶脉羽状，侧脉联成网状，在主脉两侧各有 3 ~ 4 行网眼；叶革质，两面光滑；叶轴上面具纵沟，下面疏被具锯齿披针形。孢子囊群着生内藏小脉，密布羽片下面；囊群盖圆盾形，边缘具细齿。

【分布】产于崂山等地。生于海潮可达处以上不远的花岗岩岸线石缝中。辽宁、台湾和江苏至广东沿海也有自然分布，今已引入澳洲、欧洲、南非、美国等多地，在引入地内陆也可生长。

【价值】根状茎入药；叶片亮绿、耐阴，适于盆栽、地被植物和贫瘠甚至有废渣环境的绿化。

【致危因子与保护理由】易危物种，生境退化，栖息地被破坏。

华北落叶松

Larix gmelinii var. *principis-rupprechtii* (Mayr) Pilger

松科 | 落叶松属

【特征】乔木，高达 30 m，胸径 1 m；树皮暗灰褐色，不规则纵裂，成小块片脱落；枝平展，具不规则细齿；苞鳞暗紫色，近带状矩圆形，长 0.8 ~ 1.2 cm，基部宽，中上部微窄。种子斜倒卵状椭圆形，灰白色，具不规则的褐色斑纹，长 3 ~ 4 mm，径约 2 mm；种翅上部三角状，中部宽约 4 mm，种子连翅长 1.0 ~ 1.2 cm；子叶 5 ~ 7 枚，针形，长约 1 cm，下面无气孔线。

【物候期】花期 4 ~ 5 月，球果 10 月成熟。

【分布】产于河北、山西等地海拔 1400 m 以上的高山地带。山东崂山、泰山、塔山等地有大面积栽培。

【价值】木材可供建筑、桥梁、制作器具等用；树干可割取树脂，树皮可提取栲胶。本种生长快，材质优良，有保土、防风的效能。

【致危因子与保护理由】易危物种，中国特有种，自然分布面积较小。

大叶藻

Zostera marina L. L

眼子菜科 | 大叶藻属

【特征】 海洋多年生沉水草本，根茎匍匐，直径 2 ~ 4 mm，节间伸长，每节生有 1 枚先出叶和多数须根。先出叶仅具鞘而无叶片，长 2 ~ 5 mm，膜质，半透明；叶片线形，长可达 50 cm 以上。生殖枝长可达 100 cm，疏生分枝。果实椭圆形至长圆形，外果皮褐色。种子暗褐色，具清晰的纵肋。

【物候期】 山东烟台一带 5 月中旬开花，果熟期 6 ~ 7 月。

【分布】 产于山东烟台莱州至青岛、威海沿海（荣成一带较多），也见于省内其他海岸，但山东种群已大幅衰退。

【价值】 重要的海洋环境健康指示生物，也是许多海洋动物（包括重要海产）的栖息地、产卵场、食物，甚至是大天鹅等鸟类的食物；能稳定底泥、抵御风浪侵蚀，捕捉悬浮物，净化水质；全草可作饲料，还是胶东特色民居“海草房”的屋顶建材。

【致危因子与保护理由】 易危物种，生境被破坏，岸线开发和侵占压缩本种栖息地；底拖网、围网、打桩机械伤害本种植株；水污染也是一大威胁。大叶藻作为建群种，海草床严重衰退已导致近岸海洋生态系统恶化，保护刻不容缓。

长苞谷精草

Eriocaulon decemflorum Maxim.

谷精草科 | 谷精草属

【特征】草本；叶丛生，线形，长 (4 ~)6 ~ 10(~ 13) cm，脉 3 ~ 7(~ 11)。花葶 10，长 10 ~ 20(~ 30) cm，3 ~ 4(5) 棱；鞘状苞片长 3 ~ 5(~ 7) cm；花序倒圆锥形或半球形，连总苞片长 4 ~ 5 mm；外苞片约 14，长圆形或倒披针形，长 3.5(内) ~ 6.0(外) mm，外部的无毛，内部的背面有白毛；雄蕊 4(2 ~ 5)，花药黑色；雌花花萼 2 裂或单裂片。种子近圆形，具横格及“T”形毛。

【物候期】花期 8 ~ 10 月，果期 9 ~ 11 月。

【分布】山东昆嵛山、海阳、崂山等地有分布。

【致危因子与保护理由】易危物种，生境退化和被破坏。本种偏好山间湿地环境，在山东半岛可能的暖干化进程中逐渐减少，且这种生境易被放牧、开垦、居民点扩张、交通建设等占据甚至消灭。

汉城细辛

Asarum sieboldii Miq.

马兜铃科 | 细辛属

【特征】多年生草本，根状茎直立或横走，直径 2 ~ 3 mm，节间长 1 ~ 2 cm，有多条须根。叶常 2 枚，叶片心形或卵状心形，长 4 ~ 11 cm，宽 4.5 ~ 13.5 cm，先端渐尖或急尖，基部深心形，两侧裂片长 1.5 ~ 4.0 cm，宽 2.0 ~ 5.5 cm，顶端圆形，叶面疏生短毛，脉上较密，叶背仅脉上被毛；叶柄长 8 ~ 18 cm，光滑无毛。花紫棕色；花梗长 2 ~ 4 cm；花被管钟状，直径 1.0 ~ 1.5 cm；雄蕊着生子房中部，花丝与花药近等长或稍长，药隔突出，短锥形；子房半下位或几近上位，球状，花柱 6，较短，柱头侧生。果近球状，直径约 1.5 cm，棕黄色。

【物候期】花期 4 ~ 6 月，据记载果期 6 月。

【分布】产于山东崂山（如北九水、崂顶）。生于山中上部的林下阴湿腐殖土中。

【价值】全草入药，为著名中药“细辛”正品之一。

【致危因子与保护理由】易危物种，喜冷凉而易受气候变化影响。崂山种群较分散，稀有。

山东银莲花

Anemone shikokiana (Makino) Makino

毛茛科 | 银莲花属

【特征】多年生草本，高 10 ~ 55 cm；根状茎短，密生须根。基生叶 5 ~ 8，有长柄；叶片圆肾形，长 3.5 ~ 9.5 cm，宽 5.0 ~ 14.0 cm，3 全裂，中全裂片无柄或有短柄，宽菱形或菱状倒卵形，3 深裂，末回裂片卵形或狭卵形，侧全裂片斜扇状倒卵形；叶柄长 5.5 ~ 30.0 cm，疏被长柔毛，毛在叶鞘处较密。复伞形花序长 3.5 ~ 12.0 cm；小伞形花序约有 4 花，长 3 ~ 4 cm；花葶通常 1 条，有时有疏柔毛；心皮 2 ~ 5。瘦果扁平，宽椭圆形，长 7 ~ 8 mm，宽约 6 mm。种子与果皮紧密贴合。

【物候期】山东崂顶种群花期 6 ~ 10 月，果期 10 ~ 11 月。

【分布】产于山东崂山、昆嵛山。生于近山顶的凉爽山地草丛中或混交林下腐殖土上。

【价值】观赏价值高，根及根茎可药用。

【致危因子与保护理由】易危物种，种群小而相互隔绝、扩张空间小，可能喜冷凉而易受极端高温事件威胁。

河北梨

Pyrus hopeiensis Yü

蔷薇科 | 梨属

【特征】 乔木，高达 8 m；小枝无毛，具稀疏白色皮孔，先端常为硬刺；冬芽长卵圆形或三角状卵形，无毛。叶卵形、宽卵形或近圆形，长 4 ~ 7 cm，先端渐尖，基部圆或近心形，具细密尖齿，有短芒，两面无毛，侧脉 8 ~ 10 对；叶柄长 2.0 ~ 4.5 cm，具稀疏柔毛或无毛。伞形总状花序，具 6 ~ 8 花；雄蕊 20，长不及花瓣之半，花柱 4，和雄蕊近等长。果球形或卵圆形，径 1.5 ~ 2.5 cm，褐色，萼片宿存，外面具多数斑点，4 室，稀 5 室，果心大，果肉白色，石细胞多；果柄长 1.5 ~ 3.0 cm。

【物候期】 花期 4 月，果期 8 ~ 9 月。

【分布】 生于山坡丛林边，海拔 100 ~ 800 m 处。山东崂山等地有分布。

【价值】 果实可供食用，花期时观赏性较强。果皮、根、枝叶、花、籽均可药用。

【致危因子与保护理由】 易危物种，生境退化或丧失，数量稀少、珍贵、特有，受威胁严重。本种经济价值高，科学及文化意义大。

华东椴

Tilia japonica Simonk.

锦葵科 | 椴属

【特征】乔木；幼枝被长柔毛，旋脱落；顶芽卵形，无毛。叶革质，圆形或扁圆形，长 5 ~ 10 cm，先端骤短尖，基部心形，对称或稍偏斜，有时斜平截，下面脉腋有毛丛，侧脉 6 ~ 7 对，边缘有锐细锯齿；叶柄长 3.0 ~ 4.5 cm。聚伞花序长 5 ~ 7 cm，有 6 ~ 16 花；苞片窄倒披针形或窄长圆形，长 3.5 ~ 6.0 cm，宽 1.0 ~ 1.5 cm，两面无毛，下半部与花序柄合生，基部有长 1.0 ~ 1.5 cm 的柄；花梗长 5 ~ 8 mm；萼片窄长圆形，长 4 ~ 5 mm，被星状柔毛；花瓣长 6 ~ 7 mm；退化雄蕊花瓣状，稍短，雄蕊长 5 mm；子房被毛，花柱长 3 ~ 4 mm。果卵圆形，无棱突，被星状柔毛。

【分布】山东蒙山、崂山、昆嵛山、泰山有分布，烟台艾山有较多分布。

【致危因子与保护理由】易危物种，生境退化或丧失，种群小，稀有。

华北散血丹

Physaliastrum sinicum Kuang et A. M. Lu

茄科 | 散血丹属

【特征】植株高达 50 cm；幼枝被较密细柔毛。叶多宽卵形，长 6 ~ 12 cm，先端短渐尖，基部歪斜，渐窄下延成长约 1 cm 的叶柄，全缘波状，具缘毛，两面被较密柔毛，侧脉 6 ~ 7 对。花常双生叶腋或枝腋，俯垂；花梗密被细柔毛，长 1.0 ~ 1.5 cm；花萼短钟状，长及径约 7 mm，密被细柔毛，5 中裂，裂片长椭圆形或窄三角形，具缘毛，花后卵状球形，长约 2.5 cm，径约 1.8 cm；花冠钟形，白色，长及径约 1 cm，密被细毛，冠檐 5 浅裂，裂片宽三角形，具缘毛；雄蕊长约 6 mm，伸至花冠裂片弯缺处，花丝无毛；浆果球形，径约 1.6 cm，果柄长 2.0 ~ 2.5 cm。种子近盘形，色淡。

【物候期】花期 5 ~ 6 月，果期 7 ~ 8 月。

【分布】常生于山谷灌丛中。山东崂山、昆嵛山等地有分布。

【价值】可入药。

【致危因子与保护理由】易危物种，过度采挖，生境退化。

东北蛾眉蕨

Deparia pycnosora (Christ) M. Kato

蹄盖蕨科 | 对囊蕨属

【特征】根状茎粗而斜升，先端连同叶柄基部密被有浅褐色、膜质、阔卵形至卵状披针形大鳞片。叶簇生，叶柄基部栗黑色，向上渐变为禾秆色，少有带栗红色，疏被褐色、膜质、披针形鳞片；叶片阔披针形至长圆状披针形，渐尖头，一回羽状，羽片深羽裂；叶脉两面可见，在裂片上为羽状，每裂片有侧脉 5 对左右，小脉单一。孢子囊群长新月形至线形，每裂片 3 ~ 5 对，几与小脉等长，长 1.0 ~ 1.5 mm，成熟时往往彼此密接；囊群盖同形，灰褐色，篦栉状排列，宿存；孢子二面型，周壁表面具少数连续的褶皱状突起。

【分布】生于针阔叶混交林下阴湿处，海拔 200 ~ 1000 m。朝鲜半岛、日本北部及俄罗斯也有分布。山东牙山有分布。

【致危因子与保护理由】生境退化，山东省内已知分布点较少。

山东鞭叶耳蕨

Polystichum shandongense J. X. Li et Y. Wei

鳞毛蕨科 | 耳蕨属

【特征】植株高 30 ~ 40 cm；根茎直立，密被棕色披针形鳞片。叶簇生；叶柄长 10 ~ 15 cm，禾秆色，具纵沟，密被窄卵形棕色有齿鳞片；叶片线状披针形，长 20 ~ 30 cm，宽 4 ~ 5 cm，一回羽状；羽片 30 ~ 40 对，互生，带状披针形，中部的长 2.0 ~ 2.5 cm，宽 5 ~ 6 mm，钝头；叶脉羽状，侧脉单一，上面不显，下面稍隆起；叶纸质，下面叶脉被线形及毛状鳞片；叶轴具纵沟，下面密被披针形鳞片，先端延伸成鞭状，顶端芽胞萌发成新植株。孢子囊群在主脉两侧各排成一行，略近叶缘；囊群盖大，圆形隆起，全缘。

【分布】生于林下石缝内，海拔 1100 m 以下。

【价值】可盆栽观赏。

【致危因子与保护理由】种群极小。

胶东薹草

Carex jiaodongensis Y. M. Zhang et X. D. Chen

莎草科 | 薹草属

【特征】根状茎匍匐，延伸，长达 50 ~ 100 m，黑褐色，外被撕裂成纤维状的残存叶鞘；秆高 15 ~ 20 cm，三棱形，上部稍粗糙，基部具无叶片的叶鞘。叶短于秆，宽 2 ~ 3 mm，平张，边缘粗糙，先端长渐尖。小穗 6 ~ 10 个，雄雌顺序，有时最基部的小穗和中部 1 个小穗为雄性，卵形，长约 5 mm；穗状花序长圆形或圆柱形，长 2 cm；花柱基部稍膨大，柱头 2 个。果囊平凸状，长 3.5 ~ 4.0 mm，淡绿色，上部锈色，小坚果长圆形，长约 1.8 mm。

【物候期】花果期 5 月。

【分布】产于山东。生于海边沙滩。

【价值】可用于观赏、科研。

【致危因子与保护理由】生境退化。

白药谷精草

Eriocaulon cinereum R. Br.

谷精草科 | 谷精草属

【特征】一年生草本；叶丛生，狭线形，长 2 ~ 5（~ 8）cm，中部宽 0.8 ~ 1.0（~ 1.7）mm，基部宽 1.5 ~ 2.5 mm，无毛，半透明，脉 3（~ 5）条。花葶 6 ~ 30，长 6 ~ 9(~ 19)cm，扭转，具 5 棱；鞘状苞片长 1.5 ~ 2.0(~ 3.5) cm；花序宽卵状或近球形，淡黄或墨绿色，长 4 mm；外苞片倒卵形或长椭圆形，淡黄绿或灰黑色，长 0.9 ~ 1.9 mm，先端尖或圆钝，无毛；苞片长圆形或倒披针形，长 1.5 ~ 2.0 mm，无毛。雄花花萼佛焰苞状，长 1.3 ~ 1.9 mm，无毛；雌花萼片 2(3)，无花瓣。种子卵圆形，有六边形横格，无突起。

【物候期】花期 6 ~ 8 月，果期 9 ~ 10 月。

【分布】生于海拔 1200 m 以下的稻田、水沟中。山东徂徕山、青岛有分布。

【致危因子与保护理由】生境退化，稀有。

矮齿韭

Allium brevidentatum F. Z. Li

石蒜科 | 葱属

【特征】鳞茎通常单生，圆筒状，皮棕色，内浅棕色，通常先端不规则分裂。叶线形，长于花葶，宽 2 ~ 3 mm。花葶 20 ~ 30 cm，圆柱状，近先端具细棱；佛焰苞二瓣裂，宿存；伞形花序，花稀疏排列；花梗近等长，约 2 倍长于花被片，无苞片；花被淡黄绿色，外部裂片长圆形，长约 5 mm，内部裂片长圆形，长约 5.5 mm；子房卵球形，具凹陷的蜜腺；花柱外露，约 4 mm。

【物候期】花期 7 ~ 9 月，晚秋至初冬果实成熟开裂。

【分布】已知分布于山东中部丘陵地区（泰山、济南等地）。生于山坡草地、石缝中 。

【致危因子与保护理由】生境被破坏，个体分散，较难繁殖。

泰山韭

Allium taishanense J. M. Xu

石蒜科 | 葱属

【特征】 根状茎斜生；鳞茎单生或少数聚生，近圆柱状，粗约 5 mm，外皮灰黑色，内皮白色，均为膜质，不破裂。叶宽条形，不长于花葶，中部宽 7 ~ 10 mm，向两端收狭，背面具 1 纵棱，沿叶缘和纵棱具细糙齿。花葶圆柱状，具 2 纵棱，沿棱具细糙齿，高 22 ~ 37 cm，中部粗 1.5 ~ 3.0 mm，下部被光滑的叶鞘；总苞 2 裂，远比花序短，宿存；子房倒卵状球形，腹缝线基部有蜜穴。未见蒴果。

【物候期】 5 月初出叶。花期 7 ~ 10 月。

【分布】 产于鲁中南丘陵，南起枣庄，北达济南，据记载青岛崂山、淄博、潍坊、临沂东部也有分布，也发现于江苏云台山。生于山坡草地、灌草丛、石缝，喜生于稍湿润处，石灰岩、花岗岩地带都可生长。

【价值】 据称可食用。花叶扶疏，可栽培观赏。

【致危因子与保护理由】 有一定采挖压力，生境退化。

五莲杨

Populus wulianensis S. B. Liang & X. W. Li

杨柳科 | 杨属

【特征】乔木，高达 12 m；树干直立；基部老的树干上有浅灰色或白色深裂，树皮粗糙，灰绿色；树冠长卵圆形或卵圆形。幼年小枝赤褐色，圆柱状，最初具短柔毛，后脱落。芽赤褐色，圆锥形或卵圆形，稍黏。叶柄侧面扁平，先端具 2 个杯状腺体；叶片卵圆形或正三角卵形，基部心形到近心形，边缘有细锯齿，先端短锐尖。雌性柔荑花序长 4 ~ 8 cm；轴具柔毛；雌花子房无毛，柱头 4 裂。蒴果长卵圆形，二瓣裂。

【物候期】花期 4 月，果期 5 月。

【分布】山东五莲山、昆嵛山有分布。

【价值】树形优美，可栽培观赏。

【致危因子与保护理由】种群小而分散，人为干扰等因素影响较大。

泰山柳

Salix taishanensis C. Wang et C. F. Fang

杨柳科 | 柳属

【特征】灌木，高 1 m 以上；幼枝褐红色，在干标本中呈红黑色；二年生枝微被白粉。叶卵形，长约 3.5 cm，宽约 2 cm，先端钝或急尖，基部微心形至圆形，上面绿色，幼叶有短柔毛，中脉明显，有短柔毛，下面灰绿色，无毛，低出叶下面有丝状长毛，全缘；叶柄长 5 ~ 7 mm。花与叶同时开放，花序无梗，长 1 ~ 2 cm，粗约 4 mm；子房卵状圆锥形，长约 2 mm；苞片椭圆形，长约 1 mm，黄绿色，两面密被白色长毛；仅有一腹腺，圆柱形，与子房柄几等长。果和雄株未见。

【物候期】花期 5 月中下旬。

【分布】产于山东泰山、河北。生于海拔 1400 m 北坡灌丛中。分布于山顶贫瘠的阴坡沟谷及裸岩石缝处。

【价值】可作为河堤护岸树种。

【致危因子与保护理由】人为干扰强度随旅游业发展增大，天然居群数量和规模骤减，模式产地泰山。

柔毛宽蕊地榆

Sanguisorba applanata var. *villosa* Yü et Li

蔷薇科 | 地榆属

【特征】多年生草本；根粗壮；茎几无毛，多分枝。茎下部生奇数羽状复叶；小叶 3 ~ 5 对，叶柄疏被柔毛，小叶柄长 0.5 ~ 2.5 cm；小叶片卵形至长圆形，长 1.5 ~ 5.0 cm，宽 1 ~ 4 cm，顶端圆钝、稀截形，基部心形，边缘一般为圆钝锯齿，下面颜色较浅；茎上部复叶的小叶片较窄小、长圆形，基部截形到宽楔形；托叶半圆形，边缘有缺刻状锯齿。穗状花序常多数，窄长圆柱形，自顶端向下开放，开花时横径 0.6 ~ 1.0 cm；苞片椭圆卵形，外被短柔毛；萼片粉色，椭圆形；雄蕊 4 枚，扁平，向上逐渐变宽，可与花药等宽，比萼片长 2 倍以上；花柱丝状，柱头扩大呈盘状，表面乳头状突起。果被宿存萼片包围。

【物候期】花期 8 ~ 10 月，果期 9 ~ 11 月。

【分布】典型植株仅发现于山东半岛。生于山区、丘陵和附近平原的草地、阴湿处或疏林下，推测与原变种混生。

【价值】在原产地适应性强，花叶雅致，可观赏；可作为地榆用于中药。

【致危因子与保护理由】种群小而分散。山东（胶东半岛）是宽蕊地榆（中国特有，分布较窄）的主要分布区，本变种具少见的基因型，有一定代表性。

泰山盐麸木

Rhus taishanensis S. B. Liang

漆树科 | 盐麸木属

【**形态**】落叶灌木。

【**分布**】产于山东泰山。

【**致危因子与保护理由**】已知种群较小，有灭绝的可能性。

【**备注**】本种与广布并在泰山常见的盐肤木 *R. chinensis* 相比，仅有“花序具叶状苞片”这一区分点比较明显，怀疑它仅为盐麸木少数基因突变产生的一个地方种群或地理亚种，有待进一步考证。

泰山椴

Tilia taishanensis S. B. Liang

锦葵科 | 椴属

【特征】乔木；小枝和芽无毛。叶柄 3 ~ 7 cm，无毛；叶片近圆形的或宽卵形。聚伞花序，苞片无柄，狭长圆形，无毛，基部圆形，先端钝；萼片狭卵形，4 ~ 5 mm，两面被微柔毛。花瓣长圆形，7 ~ 8 mm，退化雄蕊宿存；子房卵球形，密被灰色茸毛。果倒卵球形，具显著的 5 角，密被棕色微柔毛；外果皮木质，硬，不裂。

【分布】产于山东泰山。

【价值】具有一定的观赏价值。

【致危因子与保护理由】人为干扰，种群小，稀有。

济南岩风

Libanotis jinanensis L. C. Xu & M. D. Xu

伞形科 | 岩风属

【特征】 植株 25 ~ 50 cm，草质，疏生微柔毛；茎单生，分枝自基部，具细凹槽。基生叶多数；叶片长卵形，二至三回羽状全裂；羽片 4 ~ 7 对，具小叶柄；小羽片 1 ~ 2 对，菱形倒卵形，2 ~ 3 分开；顶生的裂片倒卵形楔形，不规则，具齿；侧裂片长圆形或卵形，齿或浅裂。复伞形花序多分枝；伞形花序 2 ~ 6 cm；花序梗密被茸毛；苞片无，偶有；伞辐 4 ~ 9，1.5 ~ 3.0 cm，密被茸毛；小苞片 10 ~ 12，狭三角形；小伞形花序 12 ~ 30；花梗 2 ~ 3 mm；萼齿三角状披针形，约 0.5 mm；花瓣白色或者带粉红色，密被微柔毛背面的。果长圆状卵球形，稍微背压扁，密被白色短柔毛；棱等长，短龙骨状。

【物候期】 花期 8 ~ 10 月，果期 10 ~ 11 月。

【分布】 已知产于山东济南（历城、章丘）、淄博（沂源），可能零散分布于鲁中石灰岩丘陵。生于崖壁石缝或山坡石间土上。

【致危因子与保护理由】 目前山东的已知种群极少而零散本身基因交流困难，本种是山东少见的喜石灰岩石缝物种，习性特殊，狭域分布，保护意义极大。

蒙山附地菜

Trigonotis tenera Johnst.

紫草科 | 附地菜属

【特征】多年生密丛草本；茎基短粗，密被枯萎的叶柄；茎细弱，多条丛生，平卧或斜升，高 10 ~ 16 cm，散生糙伏毛。基生叶心形或卵圆形，长 0.5 ~ 3.0 cm，宽 0.5 ~ 1.5 cm；叶柄细长，长 3 ~ 8 cm，基部扩张，具缘毛。花序顶生，细弱，长 5 ~ 9 cm，仅基部有 2 ~ 3 苞片；花梗细，丝状，果期较长；花萼裂片披针形，先端尖，花期长 1.5 ~ 2.0 mm，果期微增大；花冠蓝色，筒部短，长约 1.5 mm，檐部直径约 3 mm；雄蕊 5，着生花冠筒中部，花药长圆形，长 0.5 mm。小坚果 4，斜三棱锥状四面体形，直立，长 1.3 mm，暗褐色，散生短柔毛。

【物候】北京种群花期（5 ~ ）6 ~ 8 月，但泰山有植株仅在 7 月开花。龟蒙顶种群 9 月初无花却已有一些成熟果实。

【分布和生境】产于山东蒙山、泰山。生于近山顶的石缝，据记载也生于山地草坡、林下阴湿处、林缘。

【致危因子与保护理由】生境破碎化，种群小而分散。

泰山母草

Torenia taishanensis (F. Z. Li) Y. S. Liang & J. C. Wang

母草科 | 蝴蝶草属

【特征】一年生草本，高 3 ~ 15 cm；茎直立，四棱，节少数，常有开展或上升的分枝。叶对生，叶柄短，叶宽卵形到狭卵形，无毛，基部圆形到宽楔形，（近）全缘、具糙伏毛，先端钝。花腋生，单生或为短的总状花序；花梗纤细，长 0.5 ~ 2.0 cm；花萼管状，3 ~ 4 mm，具糙伏毛，浅裂；卵形裂片三角形；花冠外围淡紫色、稀紫色，喉部白色；下唇 3 裂，上唇微缺；二强雄蕊，下花瓣具一弯的棍棒状附属物。蒴果椭球形，宿萼近等长。种子极小，浅黄色，近球状。

【物候期】仲夏起随降雨到来而发芽，10 月初仍见发芽。花期、果熟期 8 ~ 11 月。单株寿命较短，10 月中旬起随低温出现红叶，最后一批植株 11 月中旬陆续枯萎。

【分布】产于山东半岛和泰山、莱芜等地。一般生于花岗岩丘陵或附近的小溪、石缝流水和季节性浅水边，或湿润矮草地，偶尔出现于荒地、绿化带等有人类干扰处。

【致危因子与保护理由】本种种群尚多，有一定适应性，可以出现在潮湿的受干扰地段，繁殖迅速，但分布多局限于山东一带。

山东茜草

Rubia truppeliana Loes.

茜草科 | 茜草属

【特征】蔓生草本，长 1 ~ 2 m；茎匍匐或缠绕，四棱形，被倒生皮刺，径 2.5 mm，分枝。叶 6 或 8（偶 4）片轮生，叶片膜质或近纸质，披针形、狭卵状披针形至线状披针形，长 2.0 ~ 3.5 cm，宽 0.4 ~ 0.6 cm，顶端短尖或短渐尖，基部为较窄的楔形甚至下延，边缘和下面主脉上有皮刺；基出脉 3 条，侧生的一对不很明显；叶柄长可达 35 mm，有小皮刺。花序圆锥状顶生，单生，有明显的总梗，总梗和轴均有倒生皮刺；苞片披针形或线状披针形，长 3 mm；萼管球形；花冠辐状，冠管长约 0.4 mm，裂片卵状三角形，长约 2 mm，顶端近渐尖，有 3 脉；雄蕊长约为花瓣之半，花药与分离花丝的部分近等长；花柱 2，极短，柱头头状。果熟时红或黑色。

【物候期】在低海拔处 3 月末已有发芽。花期 7 ~ 10 月（盛花期 8 月），果期 9 ~ 11 月，低海拔处者 11 月随多数植物同时枯萎。

【分布】产于山东丘陵及附近平原地区。生于草丛、灌丛、山坡、石间甚至城市绿地。

【致危因子与保护理由】山东是其主要分布区。目前较常见，自然更新繁衍正常。

阴地蕨

Sceptridium ternatum (Thunb.) Y. X. Lin

瓶尔小草科 | 阴地蕨属

【特征】 根状茎短而直立，有一簇粗健肉质的根。总叶柄短，细瘦，淡白色，干后扁平；营养叶片的柄细长，光滑无毛；叶片为阔三角形，短尖头，三回羽状分裂；侧生羽片 3 ~ 4 对，几对生或近互生，有柄；羽片阔三角形，短尖头，二回羽状；叶干后为绿色，厚草质，遍体无毛，表面皱凸不平，叶脉不见。孢子叶有长柄，远远超出营养叶之上，孢子囊穗为圆锥状，二至三回羽状。小穗疏松，略张开，无毛。

【分布】 生长在海拔 400 ~ 1000 m 的丘陵地灌丛阴处。山东安丘、五莲山有分布。

【价值】 全草可入药。

【致危因子与保护理由】 山东省内分布地较为狭窄，且采挖破坏严重。

狭叶瓶尔小草

Ophioglossum thermale Kom.

瓶尔小草科 | 瓶尔小草属

【特征】根茎细短，直立，基于簇细长不分枝肉质根，横走，顶端生出新植株。叶单生，或 2 ~ 3 叶同自根部生出，总叶柄长 3 ~ 6 cm，纤细，绿色或下部埋于土中，灰白色；不育叶单叶，每梗 1 片，无柄，长 2 ~ 5 cm，宽 0.3 ~ 1.0 cm，倒披针形或长圆状披针形，基部窄楔形，全缘，微尖头或钝头，草质，淡绿色，具不明显网状脉。孢子囊穗长 2 ~ 3 cm，窄线形，渐尖头，具 15 ~ 28 对孢子囊；孢子灰白色，近平滑；孢子叶自不育叶基部生出，柄长 5 ~ 7 cm，高出不育叶。

【分布】生于山地草坡上或温泉附近。山东省主要分布在临沂平邑等地。

【价值】药用，主治无名肿毒。

【致危因子与保护理由】本种分布零星分散，由于植株小，容易被人为践踏和采掘。瓶尔小草为厚囊蕨纲的小型成员，对研究蕨类系统发育有一定价值，同时也是一种中草药。

■ 李光波 摄

骨碎补

Davallia trichomanoides Blume

骨碎补科 | 骨碎补属

【特征】 植株高 20 ~ 30 cm；根状茎长而横走，粗约 4 mm，密被蓬松的红棕色鳞片；鳞片狭披针形，长约 5 mm，先端为细长钻形，边缘有睫毛，中部颜色较深，两侧色较浅。叶远生，禾秆色，上面有浅纵沟及绿色狭边，基部被鳞片，向上光滑；叶片五角形，先端渐尖，基部浅心脏形，三回羽状。孢子囊群着生于小脉顶端，每裂片有 1 枚；囊群盖管状，先端截形，不达到尖齿的弯缺处，外侧有长尖角，膜质，灰白色，半透明。

【分布】 附生于山地混交林中树干上，海拔 1350 ~ 1900 m。山东胶东半岛及蒙山有分布。

【价值】 根状茎入药，富含黄酮、生物碱、酚类等成分。

【致危因子与保护理由】 生境退化。

华北薄鳞蕨

Aleuritopteris kuhnii (Milde) Ching

凤尾蕨科 | 粉背蕨属

【特征】植株高 20 ~ 30 cm；根状茎短而直立，连同叶柄基部疏被鳞片，鳞片棕色或淡棕色，膜质，卵状披针形，先端钻状，边缘有微齿。叶簇生，叶柄较短，叶片较宽，长圆状卵形，薄草质，下面不具白粉或白粉极为稀疏。孢子囊群圆形，沿叶边疏生，成熟时汇合成线形；囊群盖草质，幼时褐绿色，老时褐色，狭窄，边缘波状。

【分布】生长在海拔 2700 ~ 3500 m 的林下或路边岩石上。山东泰山地区有分布。

【价值】根状茎、叶入药，味苦，性寒。

【致危因子与保护理由】生境退化，山东省内已知分布点极少。

团羽铁线蕨

Adiantum capillus-junonis Rupr.

凤尾蕨科 | 铁线蕨属

【特征】 植株高 8 ~ 15 cm；根状茎短而直立，被褐色披针形鳞片。叶簇生；柄长 2 ~ 6 cm，粗约 0.5 cm，纤细如铁丝，深栗色，有光泽，基部被同样的鳞片，向上光滑；叶片披针形，长 8 ~ 15 cm，宽 2.5 ~ 3.5 cm，奇数一回羽状；羽片 4 ~ 8 对。孢子囊群每羽片 1 ~ 5 枚。

【分布】 群生于湿润石灰岩脚、阴湿墙壁基部石缝中或荫蔽湿润的白垩土上，海拔 300 ~ 2500 m。也产于日本。山东泰山地区、济南、枣庄、临沂平邑和蒙阴有分布。

【致危因子与保护理由】 石灰岩植物，稀有。

中日金星蕨

Parathelypteris nipponica (Franch. et Sav.) Ching

金星蕨科 | 金星蕨属

【特征】植株高 40 ~ 60 cm；根茎长而横走，近光滑。叶近生；叶柄长 10 ~ 20 cm，基部褐棕色，多少被鳞片，向上禾秆色；羽片长 30 ~ 40 cm，中部宽 7 ~ 10 cm，倒披针形，羽裂渐尖头，二回羽状深裂；羽片 25 ~ 33 对；裂片约 18 对；叶脉明显，侧脉单一，每裂片 4 ~ 5 对；叶草质，干后草绿色，下面沿叶轴、主脉和叶缘被灰白色、单细胞针状毛。孢子囊群圆形，每裂片 3 ~ 4 对；囊群盖圆肾形，背面被灰白色长针毛；孢子圆肾形，中部具褶皱，外壁具不规则网状纹饰。

【分布】生于丘陵地区的疏林下，海拔 400 ~ 2500 m 常见。也分布于韩国南部和日本。

【致危因子与保护理由】生境退化。

妙峰岩蕨

Woodsia oblonga Ching et S. H. Wu

岩蕨科 | 岩蕨属

【特征】 植株高 7 ~ 18 cm；根状茎斜升，先端及叶柄基部密被鳞片；鳞片披针形，长约 3 mm，先端渐尖，浅棕色，薄膜质，边缘有睫毛。叶多数簇生；叶柄长 2 ~ 5 cm，粗约 1 mm，棕禾秆色，有光泽，顶端有倾斜的关节（偶有位于上部），基部密被鳞片，向上被稀疏的膝曲长毛及线形小鳞片；叶片披针形，长 6 ~ 16 cm，中部宽 2.0 ~ 3.5 cm，尖头，向基部略变狭，一回羽状；囊群盖杯形，边缘具睫毛，成熟时浅裂为 2 ~ 3 瓣。

【分布】 生于山坡阴处岩石间，海拔 200 ~ 1800 m。山东泰山、崂山、蒙山、徂徕山有分布。

【致危因子与保护理由】 受气候变化影响较大，生境退化。

戟叶耳蕨

Polystichum tripteron (Kunze) Presl

鳞毛蕨科 | 耳蕨属

【特征】植株高 30 ~ 65 cm；根茎短而直立，顶端连同叶柄基部密被鳞片。叶簇生；叶柄长 12 ~ 30 cm，基部以上禾秆色，连同叶轴及羽轴疏生披针形小鳞片；叶片戟状披针形，长 30 ~ 45 cm，基部宽 10 ~ 16 cm，具 3 枚椭圆状披针形羽片；侧生 1 对羽片长 5 ~ 8 cm，宽 2 ~ 5 cm，具短柄，斜展，羽状；叶脉羽状，小脉单一或二叉；叶草质，干后绿色，沿叶脉疏生小鳞片。孢子囊群圆形，着生小脉顶端；囊群盖圆盾形，边缘略啮齿状；孢子周壁具褶皱，常成网状，薄而透明。

【分布】生于林下石隙或石上，海拔 400 ~ 2300 m。日本、朝鲜半岛、俄罗斯有分布。山东胶东半岛山区有分布。

【致危因子与保护理由】生境退化，山东省内已知分布点少，仅崂山、艾山、昆嵛山有分布。

贯 众

Cyrtomium fortunei J. Sm.

鳞毛蕨科 | 贯众属

【特征】植株高 20 ~ 35 cm；根茎粗短，直立或斜升，连同叶柄基部密被宽卵形棕色大鳞片。叶簇生，叶柄禾秆色，叶片长圆状披针形，奇数一回羽状，侧生羽片披针形，或多少呈镰刀形，基部楔形，顶生羽片窄卵形，下部有时具 1 ~ 2 浅裂片；羽状脉，侧脉联结呈网状；叶纸质，两面光滑。孢子囊群圆形，盾状囊群盖圆形，大而全缘。

【分布】产于山东南部（塔山）。生于林下岩石缝，海拔 500 m。

【价值】叶片秀美，供观赏；根状茎及叶柄残基可入药。

【致危因子与保护理由】生境退化。

林问荆

Equisetum sylvaticum L.

木贼科 | 木贼属

【特征】 根茎直立和横走，黑棕色，节和根疏生黄棕色长毛或光滑。地上枝当年枯萎；枝二型，能育枝与不育枝同期萌发；不育枝灰绿色，轮生分枝多。主枝中部以下无分枝，有脊 10 ~ 16，脊背部方形，两侧常具刚毛状突起，每脊常有 1 行小瘤；鞘筒上部红棕色，下部灰绿色；鞘齿连成 3 ~ 4 个宽裂片，长约 6 mm，卵状三角形，膜质，红棕色，宿存。孢子囊穗圆柱状，长 1.5 ~ 2.5 cm，径 5 ~ 7 mm，顶端钝，成熟时柄伸长。

【分布】 产于黑龙江、吉林、内蒙古、新疆、山东，海拔 200 ~ 1600 m。日本、欧洲、北美洲有分布。山东崂山、蒙山等山区有分布。

【致危因子与保护理由】 生境退化，山东省内已知分布点较少。

大穗结缕草

Zoysia macrostachya Franch. et Sav.

禾本科 | 结缕草属

【特征】多年生，高 10 ~ 20 cm，基部节上常残存枯萎叶鞘；根茎横走。叶鞘无毛，鞘口具长柔毛，叶舌不明显；叶线状披针形，较硬，常内卷，长 1.5 ~ 4.0 cm，宽 1 ~ 4 mm。总状花序穗状，基部常包于叶鞘内，长 3 ~ 4 cm，宽 0.5 ~ 1.0 cm；小穗柄粗短，顶端扁宽而倾斜，具细柔毛；第二颖长 6 ~ 8 mm，7 脉不明显，中脉近顶端与颖离生而成芒状小尖头；外稃膜质，1 脉，长约 4 mm；花药长约 2.5 mm；花柱 2，柱头帚状。颖果卵状椭圆形，长约 2 mm。

【物候期】花果期 6 ~ 9 月。

【分布】产于山东（青岛）、江苏、安徽、浙江。生于山坡或平地的沙质土壤或海滨沙地上。

【价值】植株强健，耐盐碱，可用作保土、护堤、固沙或铺建草坪。

【致危因子与保护理由】特殊生境（沙质海岸）。

光高粱

Sorghum nitidum (Vahl) Pers.

禾本科 | 高粱属

【特征】 多年生草本，高 60 ~ 150 cm；须根较细而坚韧；基部具芽鳞，节上密被长约 3.5 mm 的灰白色毛环。叶鞘紧密抱茎，无毛或具稀疏的疣基长毛；叶舌较硬，长 1.0 ~ 1.5 mm，具毛；叶片线形，长 10 ~ 40（~ 50）cm，宽 4 ~ 6 mm，两面具粉屑状柔毛或疣基细毛，边缘具向上的小刺毛。有柄小穗为雄性，由于发育程度不同，大、小略有差异，通常为长椭圆形，较无柄小穗略小而窄；颖革质，但下部不变硬，黑棕色。颖果长卵形，棕褐色，成熟时不裸露于颖之外。

【物候期】 花果期夏秋季。

【分布】 生于向阳山坡草丛中，海拔 300 ~ 1400 m。山东胶东沿海有分布。

【价值】 全株可作牧草，种子含淀粉，可食。

【致危因子与保护理由】 栖息地易被破坏，稀有。

束尾草

Phacelurus latifolius (Steud.) Ohwi

禾本科 | 束尾草属

【特征】多年生草本；根茎粗壮发达，直径约 4 mm，具纸质鳞片；秆直立，高 1.0 ~ 1.8 m，直径 3 ~ 5 mm，节上常有白粉。叶鞘无毛；叶舌厚膜质，长约 3 mm，两侧有纤毛；叶片线状披针形，质稍硬，长可达 40 cm，宽 1.5 ~ 3.0 cm，无毛。总状花序 4 ~ 10 枚，直径约 4 mm，指状排列于秆顶；花序轴节间及小穗柄均等长于或稍短于无柄小穗；无柄小穗披针形，长 8 ~ 10 mm，嵌生于总状花序轴节间与小穗柄之间。颖果披针形，长约 4 mm，无腹沟。

【物候期】花果期夏秋季。

【分布】产于河北、山东、江苏、浙江等省的沿海地区。多成片生长在河流、海滨潮湿岸滩。日本、朝鲜也有分布。

【价值】秆叶可盖草屋、作燃料。

【致危因子与保护理由】特殊生境（岩石海岸），分布边缘。

乳突薹草

Carex maximowiczii Miq.

莎草科 | 薹草属

【特征】秆丛生，高 30 ~ 75 cm，锐三棱形，稍坚硬，基部叶鞘褐或红褐色无叶片，纤维状。叶短于或近等长于秆，宽 3 ~ 4 mm，平展或边缘反卷；苞片基部的叶状，长于小穗，上部的刚毛状或鳞片状。小穗 2 ~ 3，顶生 1 个雄性，窄圆柱形，长 2 ~ 4 cm，具柄；侧生小穗雌性，长圆状圆柱形或长圆形，长 2.5 ~ 3.0 cm，宽 8 ~ 9 mm。雌花鳞片长圆状披针形，具短芒尖，长 4.0 ~ 4.5 mm，红褐色，中间绿色，3 脉，具锈色点线；花柱长，基部不膨大，柱头 2。果囊宽倒卵形或宽卵形，双凸状，长 4.0 ~ 4.2 mm，红褐色。小坚果疏松包于果囊中，扁圆形，褐色，长 2.0 ~ 2.2 mm。

【物候期】花果期 6 ~ 7 月。

【分布】生于山坡阳处、水边潮湿处，海拔 300 ~ 760 m。山东昆嵛山有分布。

【致危因子与保护理由】稀有，种群很小，维持压力大。

细柄水竹叶

Murdannia vaginata (L.) Bruckn.

鸭跖草科 | 水竹叶属

【特征】多年生草本；根须状，被长茸毛；根状茎具很长的节间；每支茎上有叶 2 至数枚。叶禾叶状，长 4 ~ 10（20）cm，宽 4 ~ 7 mm，无毛；叶鞘开口，有睫毛。花小，1 ~ 5 朵簇生于鞘状总苞片内；鞘状总苞片每支茎上有 1 ~ 3 个，疏离，长 0.8 ~ 1.0 cm，具明显条纹。花序总梗纤细而长，长 5 ~ 10（20）cm；花梗细长，长 1.0 ~ 1.5 cm；能育雄蕊 2 枚，退化雄蕊 3 ~ 4 枚。蒴果球状，直径约 3 mm，果皮壳质，禾秆色，有光泽，每室仅具一颗种子。种子灰黑色，具格状网纹，种脐条状，胚盖位于背面。

【物候期】果期 8 ~ 9 月。

【分布】常生于海岸砂地。山东烟台有标本记录。

【致危因子与保护理由】特殊生境（山间石缝湿地）。

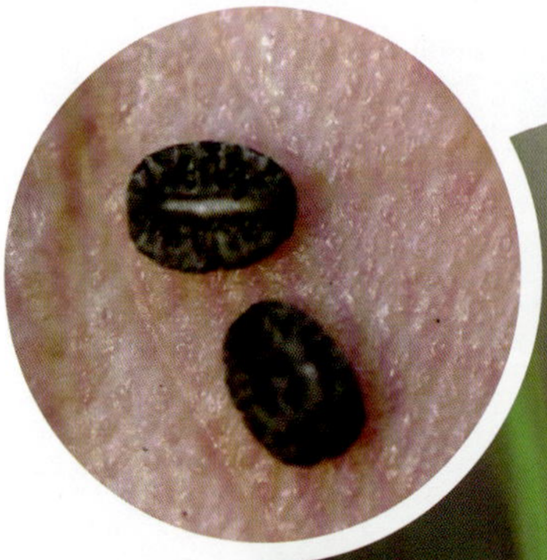

鸭舌草

Monochoria vaginalis (Burm. F.) Presl ex Kunth

雨久花科 | 雨久花属

【特征】水生草本，全株无毛；根状茎极短，具柔软须根。叶基生和茎生，心状宽卵形、长卵形或披针形，长 2 ~ 7 cm，先端短突尖或渐尖，基部圆或浅心形，全缘，具弧状脉；叶柄长 10 ~ 20 cm，基部扩大成开裂的鞘，鞘长 2 ~ 4 cm，顶端有舌状体，长 0.7 ~ 1.0 cm。花通常 3 ~ 5(稀 10 余朵)，蓝色；花被片卵状披针形或长圆形，长 1.0 ~ 1.5 cm。蒴果卵圆形或长圆形，长约 1 cm。种子多数，椭圆形，长约 1 mm，灰褐色，具 8 ~ 12 条纵条纹。

【物候期】花期 8 ~ 9 月，果期 9 ~ 10 月。

【分布】生于平原至海拔 1500 m 的稻田、沟旁、浅水池塘等处。

【价值】嫩茎和叶可作蔬食，也可作猪饲料。

【致危因子与保护理由】特殊生境（浅水湿地），山东省内已知分布点极少。

直立百部

Stemona sessilifolia (Miq.) Miq

百部科 | 百部属

【特征】亚灌木；块根纺锤状，径约 1 cm；茎直立，高达 60 cm，不分枝。叶常 (2)3 ~ 4(5) 轮生，卵状椭圆形或卵状披针形，长 3.5 ~ 6.0 cm，先端锐尖，基部收窄为短柄或近无柄。花梗外伸，长约 1 cm，中上部具关节；花斜举，花被片长 1.0 ~ 1.5 cm，宽 2 ~ 3 mm，淡绿色；雄蕊紫红色，花丝短，花药长约 3.5 mm，顶端附属物与花药等长或稍短；子房三角状卵形。

【物候期】花期 3 ~ 5 月。

【分布】常生于林下，也见于药圃栽培。山东泰山、沂山、蒙山、鲁山有分布。

【价值】根药用。

【致危因子与保护理由】生境破坏及采挖压力大。

顶冰花

Gagea nakaiana Kitagawa

百合科 | 顶冰花属

【特征】植株高 15 ~ 20 cm；鳞茎卵球形，径 0.5 ~ 1.0 cm，皮褐黄色，无附属小鳞茎。基生叶 1，条形，长 15 ~ 22 cm，宽 0.3 ~ 1.0 cm，扁平，无毛。总苞片披针形，与花序近等长，宽 0.4 ~ 1.2 cm；花 3 ~ 5 朵，伞形花序；花梗不等长，无毛；花被片条形或窄披针形，长 0.9 ~ 1.2 cm，宽约 2 mm，黄色。蒴果卵圆形或倒卵圆形，长为宿存花被的 2/3。

【物候期】花果期 3 ~ 4 月。

【分布】生于林下、灌丛或草地。山东济南有标本记录。

【价值】全株可入药。

【致危因子与保护理由】喜冷凉而易受气候变化影响。

卷丹

Lilium lancifolium Thunb.

百合科 | 百合属

【特征】鳞茎肥大；茎高 25 ~ 130 cm，有小乳头突起，幼时被白色毛。叶披针形或矩圆状披针形，长 6.5 ~ 9.0 cm，宽 1.0 ~ 1.8 cm，近无毛但先端有白毛，边缘有乳头状突起。花 2 至多数；苞片叶状，长 1.5 ~ 2.0 cm，宽 2 ~ 5 mm，先端钝，有白绵毛；花梗长 6.5 ~ 9.0 cm，有白色绵毛；花下垂；花被片披针形，橙红色，有紫黑色斑点。蒴果狭长卵形，长 3 ~ 4 cm。

【物候期】花期 6 ~ 8 月（济南市区栽培者 6 月末始花），果期 9 ~ 10 月（但罕有结果）。

【分布】产于山东泰山、蒙山、日照、青岛、招远、昆嵛山等地。生于湿润的河谷、山沟和山坡草丛中，也常见栽培。

【价值】鳞茎可食用和药用；花含芳香油。

【致危因子与保护理由】采挖、采摘压力大；生境被破坏。

茖葱

Allium ochotense Prokh.

石蒜科 | 葱属

【特征】鳞茎单生或 2 ~ 3 枚聚生，近圆柱状；鳞茎外皮灰褐色至黑褐色，破裂成纤维状，呈明显的网状。叶 2 ~ 3 枚，倒披针状椭圆形至椭圆形，长 8 ~ 20 cm，宽 3.0 ~ 9.5 cm，基部楔形，沿叶柄稍下延，先端渐尖或短尖，叶柄长为叶片的 1/5 ~ 1/2。花葶圆柱状，高 25 ~ 80 cm，1/4 ~ 1/2 被叶鞘；总苞 2 裂，宿存；伞形花序球状，具多而密集的花；小花梗近等长，比花被片长 2 ~ 4 倍，果期伸长，基部无小苞片；花白色或带绿色，极稀带红色；子房具 3 圆棱，基部收狭成短柄，柄长约 1 mm，每室具 1 胚珠。

【物候期】花果期 6 ~ 8 月。

【分布】生于海拔 1000 ~ 2500 m 的阴湿山坡、林下、草地或沟边。山东蒙山有分布。

【价值】嫩叶可供食用。

【致危因子与保护理由】山东省内已知分布点较少。

山东万寿竹

Disporum smilacinum A. Gray

秋水仙科 | 万寿竹属

【特征】多年生草本，具根状茎，茎高 15 ~ 35 cm，偶有分枝。叶互生，薄纸质，卵形至椭圆形，长 3 ~ 6 cm，宽 1.5 ~ 3.0 cm，先端渐尖，横脉不明显，边缘有乳头状突起，基部近圆形、常对折，有短柄。花白色，1（~ 2）朵顶生；花梗长 1.0 ~ 1.5 cm；花被片稍张开，宽披针形，长 11 ~ 13 mm，宽 2 ~ 4 mm，有脉纹，先端尖，基部略为囊状；雌雄蕊不伸出花被外。浆果球形，黑色，直径约 1 cm。

【物候期】3 月发芽，花期 4 ~ 5 月，果熟期 9 ~ 10 月，果熟时植株逐渐枯萎。

【分布】主产于山东崂山、昆嵛山，荣成据记载也有。生于山坡林下或石壁阴面的湿润、多腐殖质处。

【价值】花叶玲珑，在气候和土壤条件相近区域可作地被或花境植物。

【致危因子与保护理由】崂山、昆嵛山种群较大，短期内较为稳定，是国内主要种群，也是所处生态位的良好指示。

铃 兰

Convallaria keiskei Miq.

天门冬科 | 铃兰属

【特征】多年生草本，高 18 ~ 30 cm，无毛；根状茎粗短，具 1 ~ 2 条细长的匍匐茎。叶常 2 枚，椭圆形或卵状披针形，长 7 ~ 20 cm，宽 3.0 ~ 8.5 cm；叶柄长 8 ~ 20 cm。花梗长 0.6 ~ 1.5 cm，近顶端有关节，果熟时从关节处脱落；花白色，钟状，长和宽均 5 ~ 7 mm，俯垂，偏向一侧；花被顶端 6 浅裂，裂片卵状三角形；雄蕊 6，花丝基部宽，花药近长圆形，内向纵裂。浆果球形，径 0.6 ~ 1.2 cm，熟时红色，下垂。种子扁圆形或双凸状，有网纹，径 3 mm。

【物候期】花期 5 ~ 6 月（寒冷地区至 7 月），果熟期 8 ~ 9 月。

【分布】山东崂山、昆嵛山等地有分布，常生于林下较湿润、多腐殖质处。

【价值】带花全草供药用；姿态优雅，已有零散栽培供观赏。

【致危因子与保护理由】有一定采挖压力，山东省内已知种群小而分散，前景尚不明朗。

二苞黄精

Polygonatum involucratum (Franch. et Sav.) Maxim.

天门冬科 | 铃兰属

【**特征**】植株无毛；根状茎细圆柱形，径 3 ~ 5 mm。叶互生，卵形、卵状椭圆形或长圆状椭圆形，长 5 ~ 10 cm。浆果径约 1 cm，具 7 ~ 8 颗种子。

【**物候期**】花期 5 ~ 6 月，果期 8 ~ 9 月。

【**分布**】生于林下或阴湿山坡，海拔 700 ~ 1400 m。山东昆嵛山、崂山、潍坊、蒙阴、鲁山、泰山有分布。

【**价值**】可药用。

【**致危因子与保护理由**】生境退化，种群小，较稀有。

黄精

Polygonatum sibiricum Delar. ex Redoute

天门冬科 | 黄精属

【特征】根状茎圆柱状，节膨大，节间一头粗、一头细，粗头有短分枝，径 1 ~ 2 cm。叶 4 ~ 6 枚轮生，线状披针形，长 8 ~ 15 cm，宽（0.4 ~)0.6 ~ 1.6 cm，先端拳卷或弯曲。花序常具 2 ~ 4 花，成伞状，花序梗长 1 ~ 2 cm；花梗长（0.3）0.4 ~ 1.0 cm，俯垂；苞片生于花梗基部，膜质，钻形或线状披针形，长 3 ~ 5 mm，具 1 脉；花被乳白或淡黄色，长 0.9 ~ 1.2 cm。浆果径 0.7 ~ 1.0 cm，成熟时黑色，具 4 ~ 7 颗种子。

【物候期】花期 5 ~ 6 月，果期 8 ~ 9 月。

【分布】山东省内山区零星分布，各地也有栽培。一般生于山谷疏林下，也见于灌草丛中，喜湿润、多腐殖质环境。

【价值】根状茎即著名中药黄精，可作药膳食材和野菜；花叶玲珑可爱，可引种观赏。

【致危因子与保护理由】“泰山四大名药”之一，遭到不时采挖。目前山东的已知种群趋于破碎化，亟须加强保护工作。

穿龙薯蓣

Dioscorea nipponica Makino

薯蓣科 | 薯蓣属

【特征】 缠绕草质藤本；根状茎横生，栓皮片状剥离；茎左旋，近无毛。叶掌状心形，长 10 ~ 15 cm，不等大三角状浅裂、中裂或深裂，顶端叶片近全缘，下面无毛或被疏毛。雄花无梗，常 2 ~ 4 花簇生，集成小聚伞花序再组成穗状花序，花序顶端常为单花；花被碟形，顶端 6 裂，雄蕊 6；雌花序穗状，常单生。蒴果翅长 1.5 ~ 2 cm，宽 0.6 ~ 1.0 cm；每室 2 种子，生于果轴基部。

【物候期】 花期 6 ~ 8 月，果期 8 ~ 10 月。

【分布】 山东鲁中南及胶东地区有分布。

【价值】 根状茎含薯蓣皂苷元，是合成甾体激素药物的重要原料。

【致危因子与保护理由】 过度采挖。

单花鸢尾

Iris uniflora Pall. ex Link

鸢尾科 | 鸢尾属

【特征】多年生草本，植株基部围有黄褐色的老叶残留纤维及膜质的鞘状叶；根状茎细长，斜伸，二歧分枝，节处略膨大，棕褐色；须根细，生于节处。叶条形或披针形，花茎纤细，中下部有 1 枚膜质、披针形的茎生叶；苞片 2 枚，等长，质硬，干膜质，黄绿色，有的植株苞片边缘略带红色，披针形或宽披针形，长 2.0 ~ 3.5 cm，宽 0.8 ~ 1.0 cm，顶端骤尖或钝，内包含有 1 朵花；花蓝紫色，直径 4.0 ~ 4.5 cm；子房柱状纺锤形，长约 5 mm。蒴果圆球形，直径 0.8 ~ 1.0 cm，有 6 条明显的肋。

【物候期】花期 5 ~ 6 月，果期 7 ~ 8 月。

【分布】生于山坡、林缘、路旁及林中旷地，多成片生长。山东烟台海阳有标本记录。

【价值】具有观赏价值。

【致危因子与保护理由】山东省内新记录物种，已知分布点少。

北火烧兰

Epipactis xanthophaea Schltr.

兰科 | 火烧兰属

【特征】根状茎粗长，根细长；茎无毛。叶 5 ~ 7，卵状披针形或椭圆状披针形，长 6 ~ 13 cm，基部鞘状抱茎。花序长达 10 cm，具 5 ~ 10 花；苞片叶状，卵状披针形，下部的较花长近 1 倍；子房和花梗长约 1.5 cm；黄或黄褐色，稀淡红色；中萼片椭圆形，长约 1.5 cm，侧萼片斜卵状披针形；花瓣宽卵形，长约 1.2 cm。蒴果椭圆形，长约 2 cm。

【物候期】花期 6 ~ 7 月，果期 9 月。

【分布】据记载产于山东泰山、崂山、牙山、昆嵛山、圣经山、伟德山等地。生于山坡草丛中。中国特有。

【致危因子与保护理由】尚不明确，但很可能包括气候变化背景下的极端干旱事件、人类占用栖息地、生长条件苛刻、传粉繁殖扩散困难以及采挖。

小斑叶兰

Goodyera repens (L.) R. Br.

兰科 | 斑叶兰属

【特征】植株高达 25 cm；根状茎长，匍匐；茎直立，具 5 ~ 6 叶。叶卵形或卵状椭圆形，先端尖，基部钝或宽楔形，长 1 ~ 2 cm，具白色斑纹，下面淡绿色；叶柄长 0.5 ~ 1.0 cm；苞片披针形，长 5 mm；子房圆柱状纺锤形，扭转，被疏腺状柔毛，连花梗长 4 mm；花白色，带绿或带粉红色；萼片背面有腺状柔毛，中萼片卵形或卵状长圆形，长 3 ~ 4 mm，与花瓣粘贴呈兜状，侧萼片斜卵形或卵状椭圆形，长 3 ~ 4 mm；花瓣斜匙形，无毛，长 3 ~ 4 mm。

【物候期】花期 7 ~ 8 月。

【分布】生于海拔 700 ~ 3800 m 的山坡、沟谷林下。山东泰山、沂山等地有分布。

【价值】全草作药用。

【致危因子与保护理由】乱采滥挖。

山东珍稀物种

二叶舌唇兰

Platanthera chlorantha Cust. ex Rchb.

兰科 | 舌唇兰属

【特征】植株高达 50 cm；块茎卵状纺锤形，长 3 ~ 4 cm，上部收窄细圆柱形。茎较粗壮，近基部具 2 枚近对生的大叶；其上具 2 ~ 4 披针形小叶，大叶椭圆形或倒披针状椭圆形，长 10 ~ 20 cm，基部鞘状抱茎。花序长 13 ~ 23 cm，具 12 ~ 32 花；苞片披针形，最下部的长于子房；子房上部钩曲，连花梗长 1.6 ~ 1.8 cm；花绿白或白色，中萼片舟状，圆状心形，长 6 ~ 7 mm，侧萼片张开，斜卵形，长 7.5 ~ 8.0 mm；花瓣直立，斜窄披针形，长 5 ~ 6 mm；柱头 1 枚。蒴果圆筒形，成熟时棕色。

【物候期】花期 5 ~ 7(~ 8) 月，8 月果熟。岱顶种群 4 月下旬发芽，6 月初为盛花期，但多不能结实并在 7 月初已枯萎。

【分布】已知分布于山东泰山、崂山、牙山、昆嵛山。生于山坡林下的湿润、肥沃土壤上，有时生于湿润的草丛中。

【价值】花高贵奇特，观赏价值很高。

【致危因子与保护理由】高度特化，萌发和生长条件苛刻；种群分散和破碎化，异花传粉导致繁殖困难；生境退化，有一定采挖和采摘压力。

密花舌唇兰

Platanthera hologlottis Maxim.

兰科 | 舌唇兰属

【特征】植株高达 85 cm；根状茎匍匐，细圆柱形。茎细长，下部具 4 ~ 6 大叶，长 7 ~ 20 cm，宽 0.8 ~ 2.0 cm，向上成苞片状，长 1.5 ~ 3.0 cm，宽 2 ~ 3 mm，叶线状披针形或宽线形，基部短鞘状抱茎。花序长 5 ~ 20 cm，花密生；苞片披针形或线状披针形；子房稍弧曲，连花梗长 1.0 ~ 1.3 cm；花白色，芳香；唇瓣舌形或舌状披针形，稍肉质，长 6 ~ 7 mm，先端钝圆；距下垂，圆筒状，长 1 ~ 2 cm；柱头 1 枚，大，凹下，位于蕊喙之下穴内。

【物候期】花期 6 ~ 7 月。

【分布】生于海拔 260 ~ 3200 m 的山坡林下或山沟潮湿草地。山东崂山、荣成有分布。

【价值】全草可入药。

【致危因子与保护理由】生境退化，过度采挖。

蜻蜓兰

Platanthera souliei Kraenzl.

兰科 | 蜻蜓兰属

【特征】植株高达 60 cm；根状茎指状；茎下部具 2(3) 大叶，大叶之上具 1 至几枚小叶。大叶倒卵形或椭圆形，长 6 ~ 15 cm。花序密生多花；苞片窄披针形；花黄绿色；中萼片卵形，舟状，长 4 mm，侧萼片斜椭圆形，张开，较中萼片稍窄长，两侧稍向后反折；花瓣直立，斜楠圆状披针形，宽不及 2 mm，基部两侧各具 1 枚三角形状镰形侧裂片，长达 1 mm，中裂片舌状披针形，长 3 ~ 4 mm，宽 1.5 mm；距细圆筒状，下垂，稍弧曲。

【物候期】花期 6 ~ 8 月，果期 9 ~ 10 月。

【分布】生于海拔 400 ~ 3800 m 的山坡林下或沟边。山东荣成有分布。

【价值】可药用。

【致危因子与保护理由】过度采挖，生境退化。

角盘兰

Herminium monorchis (L.) R. Br.

兰科 | 角盘兰属

【特征】植株高达 35 cm；块茎球形，径 0.6 ~ 1.0 cm。茎下部具 2 ~ 3 叶，其上具 1 ~ 2 小叶；叶窄椭圆状披针形或窄椭圆形，长 2.8 ~ 10.0 cm，宽 0.8 ~ 2.5 cm，先端尖。花序具多花，长 15 cm；苞片线状披针形，长 2.5 mm，先端长渐尖尾状；子房圆柱状纺锤形，扭转，连花梗长 4 ~ 5 mm；花黄绿色，垂头，钩手状；萼片近等长，中萼片椭圆形或长圆状披针形，侧萼片长状披针形；花瓣近菱形，唇瓣与花瓣等长，肉质，基部浅囊状，近中部 3 裂，中裂片线形，侧裂片三角形。

【物候期】花期 6 ~ 7(~ 8) 月，果期 7 ~ 9 月。

【分布】产于山东泰山、崂山、荣成。生于湿润山坡草丛，也可见于林下。

【价值】带块茎全草民间作药用。

【致危因子与保护理由】萌发和生长条件苛刻，个体分散、异花传粉导致繁殖困难，生境退化；有一定采挖压力。

线叶十字兰

Habenaria linearifolia Maxim.

兰科 | 玉凤花属

【特征】植株高达 80 cm；块茎卵形或球形。茎疏生多叶，向上渐小成苞片状，中下部叶线形，5 ~ 7 枚，长 9 ~ 20 cm，宽 3 ~ 7 mm，基部鞘状抱茎。花序具 8 ~ 20 余花，花序轴无毛；苞片披针形或卵状披针形；子房无毛，连花梗长 1.8 ~ 2.0 cm；花白或绿白色，无毛；中萼片舟状，卵形或宽卵形，长 5.5 ~ 6.0 mm，与花瓣靠合呈兜状，侧萼片反折，斜卵形，长 6 ~ 7 mm；花瓣直立，半正三角形，长 5.0 ~ 5.5 mm。

【物候期】花期 7 ~ 9 月。

【分布】生于海拔 200 ~ 1500 m 的山坡林下或沟谷草丛中。山东沂山、昆嵛山、荣成有分布。

【致危因子与保护理由】过量采挖，生境退化。

■ 赵宏 摄

无柱兰

Ponerorchis gracilis (Blume) X. H. Jin, Schuit. & W. T. Jin

兰科 | 小红门兰属

【特征】多年生草本，高 7 ~ 30 cm；块茎卵形或长圆状椭圆形。茎近基部具 1 叶，其上具 1 ~ 2 小叶；叶窄长圆形、椭圆状长圆形或卵状披针形，长 5 ~ 12 cm。花序具 5 至 20 余朵、偏向一侧的花；苞片卵状披针形或卵形，子房扭转，连花梗长 0.7 ~ 1.0 cm；花粉红色；中萼片卵形，长 2.5 ~ 3.0 mm，侧萼片斜卵形或倒卵形，长 3 mm；花瓣斜椭圆形或斜卵形，长 2.5 ~ 3.0 mm；唇瓣较萼片和花瓣大，倒卵形。蒴果圆柱形。

【物候期】花期 6 ~ 7 月，果期 8 ~ 10 月。

【分布】产于山东蒙山和鲁东山区丘陵，据记载泰山、徂徕山、沂山也有。生于山坡半阴处（多云雾处可生于阳地）岩石间的覆土上。

【价值】小巧玲珑，有观赏价值。

【致危因子与保护理由】种群小而分散，旅游活动、气候变化等导致生境退化，且生态位较窄、繁殖较困难。

原沼兰

Malaxis monophyllos (L.) Sw.

兰科 | 原沼兰属

【特征】 地生草本；假鳞茎宽卵形，长 0.5 ~ 1.0 cm，径 0.6 ~ 1.0 cm，被白色薄膜质鞘。叶 2 枚，卵形或卵状长圆形，长 2.0 ~ 5.5 cm，宽 1 ~ 2(3) cm，基部成鞘状柄，无关节。花葶长达 25 cm，花序具数朵至 10 余花；苞片长 1 ~ 2 mm；花淡紫色；中萼片线状披针形，长 5 ~ 6 mm，宽约 1.4 mm，侧萼片略斜歪，宽约 1.8 mm；花瓣丝状，长 5 ~ 6 mm，宽约 0.5 mm，唇瓣近倒卵状椭圆形，长 5 ~ 6 mm，从中部多少反折，先端近圆，有短尖，具不规则细齿，基部窄，无胼胝体；蕊柱长约 2.5 mm，顶端具钝翅，基部肥厚。

【物候期】 花期 6 ~ 7（~ 8）月，果期 8 ~ 10 月，9 ~ 10 月陆续枯萎。

【分布】 山东省内原被误定为羊耳蒜。山东各大山区（如泰山、蒙山、崂山、昆嵛山）零散分布。生于花岗岩地带多腐殖质的松林或杂木林下，栖息地一般较平坦、湿润，易被云或海雾笼罩。

【价值】 可入药。

【致危因子与保护理由】 生长条件苛刻，种群小而分散，异花传粉导致繁殖困难，气候变化背景下的极端干旱事件可能影响种群，生境退化和被破坏，有一定采挖压力。

蜈蚣兰

Cleisostoma scolopendrifolium (Makino) Garay

兰科 | 隔距兰属

【特征】植株常绿，贴附在基质上；茎细长，后部逐渐枯萎，分枝而多节，节上生根。叶 2 列，疏离，稍对折而呈半圆柱形，长 5 ~ 8 mm，径约 1.5 mm，先端钝，基部具长约 5 mm 抱茎鞘。总状花序侧生，短于叶，具 1 ~ 2 花；花梗和子房长 3 mm；花质薄，萼片和花瓣淡肉色；中萼片卵状长圆形，长 3 mm，侧萼片斜卵状长圆形，与中萼片等长较宽；花瓣近长圆形，较小。蒴果长椭圆形。

【物候期】花期 6 ~ 7 月，果期 9 ~ 10 月。我国湖北、江苏和韩国种群花期 7 ~ 8 月，且在相近时间可见未熟果实。

【分布】已知产于山东崂山（南坡）、海阳、乳山、荣成。生于小气候温和湿润的山谷阴处，一般在花岗岩立面上，也可能在树干上。

【价值】株型奇特，有观赏价值，民间作“金钗”入药。

【致危因子与保护理由】扩散和繁殖困难，生境退化。本种的山东种群很可能是我国分布最北的附生兰，生物地理学意义极大。

宽叶金粟兰

Chloranthus quadrifolius (A.Gray) H.Ohba & S.Akiyama

金粟兰科 | 金粟兰属

【特征】多年生草本，高达 50 cm；根茎多节，有香气；茎单生或丛生，不分枝，下部节上对生 2 鳞叶。叶对生，常 4 片聚生茎顶，成轮生状，宽椭圆形或倒卵形，长 8 ~ 14 cm，宽 5 ~ 8 cm，先端骤尖，基部宽楔形，具锐腺齿，近基部全缘，两面无毛，侧脉 6 ~ 8 对；叶柄长 0.8 ~ 1.8 cm；鳞叶三角形或宽卵形，膜质。穗状花序单生枝顶，长 3 ~ 5 cm；苞片三角形或近半圆形；花白色；雄蕊 3，中央雄蕊无花药，药隔线形，长约 5 cm。核果倒卵圆形或近球形，长 2.5 ~ 3.0 cm；果柄长 1.0 ~ 1.5 cm。

【物候期】花期 4 ~ 5 月，果期 5 ~ 7 月。

【分布】山东崂山、昆嵛山、荣成、青州有分布。生于山坡或山谷杂木林下阴湿处或沟边草丛中。

【价值】全株均可入药，能舒筋活血、消肿止痛、杀虫等。

【致危因子与保护理由】生境退化。

山杨

Populus davidiana Dode

杨柳科 | 杨属

【特征】 乔木，高达 25 m；小枝光滑，萌枝被柔毛；芽无毛，微有黏质。叶三角状宽卵形或近圆形，长宽均 3 ~ 6 cm，基部圆、平截或浅心形，有密波状浅齿，萌枝叶三角状卵圆形，下面被柔毛；叶柄侧扁，长 2 ~ 6 cm。花序轴有毛；苞片掌状条裂，边缘有密长毛；雄花序长 5 ~ 9 cm，雄蕊 5 ~ 12，花药紫红色；雌花序长 4 ~ 7 cm，柱头带红色；果序长达 12 cm。蒴果卵状圆锥形，长约 5 mm，有短柄，二瓣裂。

【物候期】 花期 3 ~ 4 月，果期 4 ~ 5 月。

【分布】 分布广泛，多生于山坡、山脊和沟谷地带，常形成小面积纯林或与其他树种形成混交林。山东泰山、崂山、鲁山、昆嵛山有分布。

【价值】 为强阳性树种，耐寒冷、耐干旱瘠薄土壤，天然更新能力强。木材白色供造纸及建筑等用；树皮可作药用或提取栲胶；对绿化荒山保持水土有较大作用。

【致危因子与保护理由】 山东省内零星生长，属内杂交极多，难以区分，实际情况难以确定。

朝鲜柳

Salix koreensis Anderss.

杨柳科 | 杨属

【特征】乔木，高达 20 m。叶披针形、卵状披针形或长圆状披针形，长 6 ~ 9(13) cm，基部楔形或楔圆，下面苍白色，沿中脉有柔毛，有腺齿；叶柄长 0.6 ~ 1.3 cm，初有柔毛，后近无毛，托叶斜卵形或卵状披针形，先端长尾尖，有锯齿。花序先叶或与叶近同开放，近无梗；雄花序窄圆柱形，长 1 ~ 3 cm，径 6 ~ 7 mm；雄蕊 2，离生；苞片卵状长圆形；腺体 2，腹生和背生；雌花序椭圆形或短圆柱形，长 1 ~ 2 cm；子房无柄，有柔毛，花柱较长，柱头 2 ~ 4 裂，红色；苞片卵状长圆形或卵形。

【物候期】花期 5 月，果期 6 月。

【分布】生于河边及山坡上，海拔 50 ~ 700 m。山东昆嵛山、崂山及乳山有分布。

【价值】木材供建筑、造纸等用；枝条可编筐；早春蜜源植物，又为四旁绿化树种。

【致危因子与保护理由】种群小而分散，人为干扰等因素影响较大。

毛 榛

Corylus mandshurica Maxim.

桦木科 | 榛属

【特征】灌木，高 3 ~ 4 m；树皮暗灰色或灰褐色；枝条灰褐色，无毛；小枝黄褐色，被长柔毛，下部的毛较密。叶宽卵形、矩圆形或倒卵状矩圆形，长 6 ~ 12 cm，宽 4 ~ 9 cm，顶端骤尖或尾状，基部心形，边缘具不规则的粗锯齿，中部以上具浅裂或缺刻，上面疏被毛或几无毛，下面疏被短柔毛，沿脉的毛较密，侧脉约 7 对；叶柄细瘦，长 1 ~ 3 cm，疏被长柔毛及短柔毛。雄花序 2 ~ 4 枚排成总状；苞鳞密被白色短柔毛。果单生或 2 ~ 6 枚簇生，长 3 ~ 6 cm；坚果几球形，长约 1.5 cm，外面密被白色茸毛。

【分布】生于海拔 400 ~ 1500 m 的山坡灌丛中或林下。山东崂山有分布。

【价值】种子可食。

【致危因子与保护理由】种群小而分散，栖息地受人为干扰较大。

千金榆

Carpinus cordata Bl.

桦木科 | 鹅耳枥属

【特征】乔木，高达 18 m；幼枝疏被长柔毛，后脱落。叶卵形、卵状长圆形或倒卵状长圆形，长 8 ~ 15 cm，先端渐尖或尾尖，基部心形，下面沿脉疏被长柔毛，具不规则刺毛状重锯齿，侧脉 15 ~ 20 对；叶柄长 1.5 ~ 2.0 cm，幼时疏被长柔毛。雌花序长 5 ~ 15 cm；苞片宽卵状长圆形，长 1.5 ~ 2.5 cm。小坚果长圆形，长 4 ~ 6 mm，无毛，纵肋不明显。

【分布】生于海拔 500 ~ 2500 m 的较湿润、肥沃的阴山坡或山谷杂木林中。山东胶东地区有分布。

【价值】树姿美观，果序奇特，具有观赏价值，可用于公园、绿地、小区绿化。

【致危因子与保护理由】种群小而分散，栖息地受认为干扰较大，有一定采挖压力。

坚桦

Betula chinensis Maxim.

桦木科 | 桦木属

【特征】乔木或灌木状，幼枝被长柔毛，后脱落。叶卵形、宽卵形或卵状椭圆形，长 1.5 ~ 6.0 cm，先端尖，基部圆或宽楔形，上面幼时被长柔毛，下面被长柔毛，有时被树脂腺点，具不规则重锯齿，侧脉 8 ~ 9 对；叶柄长 0.2 ~ 1.0 cm，密被长柔毛。雌花序近球形，稀长圆形，长 1 ~ 2 cm，序梗长 1 ~ 2 mm；苞片长 5 ~ 9 mm，被柔毛，裂片顶端外弯，中裂片披针形，侧裂片卵形，开展。小坚果倒卵形或卵形，翅极窄。

【物候期】花期 4 ~ 5 月，果期 8 月。

【分布】生于海拔 150 ~ 3500 m 的山坡、山脊、石山坡及沟谷等的林中。山东各山区有分布。

【价值】木质致密坚硬，为北方较坚硬的木材之一；树皮煎汁可染色。

【致危因子与保护理由】喜冷凉而易受气候变化影响。

青檀

Pteroceltis tatarinowii Maxim.

榆科 | 青檀属

【特征】落叶乔木，株高超 20 m，胸径可超 1 m；树皮近灰色，不规则长片状剥落；小枝幼时疏被柔毛；冬芽卵形。叶纸质，宽卵形或长卵形，长 3 ~ 10 cm，先端渐尖或尾尖，基部楔形至平截，锯齿不整齐，基脉 3 出，侧脉脉端在近叶缘处弧曲，上面幼时被短硬毛，下面脉上被毛，脉腋具簇生毛；叶柄被柔毛，托叶早落。花单性、同株；雄花数朵簇生于去年生枝下部叶腋，花被 5 深裂，裂片覆瓦状排列，雄蕊 5；雌花单生于一年生枝上部叶腋，花被 4 深裂。翅果状坚果近圆形或近四方形，黄褐色，翅宽，稍硬，具宿存的花柱和花被。

【物候期】叶与雄花同时发出，展叶不久（4 月）即见雌花；8 月下旬起果熟，果可宿存至来春。

【分布】零散分布于鲁中南部石灰岩丘陵地区，以济南灵岩寺、枣庄青檀寺等地较集中，也有栽培。生于山谷林中。

【价值】树皮纤维为制作宣纸的主要原料；木材上等，坚硬细致；种子可榨油；枝干遒劲、茎叶错落，供观赏、制作盆景和石灰岩地区造林。

【致危因子与保护理由】

自然条件下萌发率低、幼苗竞争力低，栖息地受破坏。研究表明遗传多样性较高，野生种质资源不容忽视。

宽叶荨麻

Urtica laetevirens Maxim.

荨麻科 | 荨麻属

【特征】多年生草本，高达 1 m；茎纤细，有稀疏刺毛和糙毛。叶近膜质，卵形或披针形，长 4 ~ 10 cm，先端短渐尖，基部圆或宽楔形，具牙齿，两面疏生刺毛和糙毛，基出脉 3，侧出的 1 对伸达叶上部齿尖，侧脉 2 ~ 3 对；叶柄长 1.5 ~ 7.0 cm，托叶每节 4，离生或有时上部稍合生，披针形或长圆形，长 3 ~ 8 mm。雌雄同株，稀异株，雄花序近穗状，生上部叶腋，长达 8 cm；雌花序近穗状，生下部叶腋，稀簇生状，小团伞花簇稀疏着生于序轴；雄花花被片在近中部合生。瘦果卵圆形，长达 1 mm，顶端稍钝，灰褐色。

【物候期】花期 6 ~ 8 月，果期 8 ~ 10 月。

【分布】生于海拔 800 ~ 3500 m 的山谷溪边或山坡林下阴湿处。山东泰山、胶东丘陵有分布。

【价值】茎皮纤维可作纺织原料；幼嫩茎叶可食；全草入药。

【致危因子与保护理由】山东仅有泰山、正棋山等有记录，种群小，较稀有。

墙草

Parietaria micrantha Ledeb.

荨麻科 | 墙草属

【特征】一年生铺散草本，长 40 cm；茎上升平卧或直立，肉质，纤细，多分枝，被柔毛。叶膜质，卵形或卵状心形，长 0.5 ~ 3.0 cm，先端尖或钝尖，基部圆或浅心形，稀宽楔形，钟乳体点状，在上面明显，基出脉 3，侧脉常 1 对；叶柄纤细，长 0.4 ~ 2.0 cm，被柔毛。花杂性。聚伞花序具短梗或近簇生状；两性花梗长约 0.6 mm；瘦果坚果状，卵圆形，长 1.0 ~ 1.3 mm，黑色，有光泽，具宿存花被和苞片。

【物候期】花期 6 ~ 7 月，果期 8 ~ 10 月。

【分布】生于海拔 700 ~ 3500 m（在西藏可达 4000 m）山坡、阴湿草地、屋宅、墙上或岩石下阴湿处。山东胶东地区、泰安有分布。

【价值】全草药用，有拔脓消肿之效。

【致危因子与保护理由】种群小而分散，繁殖压力大。

牛漆姑

Spergularia marina (Linnaeus) Grisebach

石竹科 | 牛漆姑属

【特征】一至二年、稀多年生草本，高达 30 cm；根茎细稍肉质；茎丛生，上部密被柔毛。叶线形，长 0.5 ~ 3.0 cm，宽 1.0 ~ 1.5 mm，稍肉质，先端尖；托叶宽三角形，长 1.5 ~ 2.0 mm，膜质。花顶生或腋生；花梗密被腺柔毛；萼片卵形，长 3.5 mm，密被腺柔毛；花瓣淡粉紫或白色，卵状长圆形或椭圆形，长约 2 mm；雄蕊 5；花柱 3。蒴果卵圆形，长 5 ~ 6 mm，长于宿萼，三瓣裂。种子淡褐色，长 0.5 ~ 0.7 mm，平滑或具乳头，无翅，少数具翅，边缘啮蚀状。

【物候期】花期 4 ~ 7 月，果期 5 ~ 9 月。

【分布】生于海拔 400 ~ 2800 m 的沙质轻度盐地、盐化草甸以及河边、湖畔、水边等湿润处。欧洲、亚洲和非洲北部也有。山东崂山、济南等地有分布。

【致危因子与保护理由】山东省内种群小而分散，稀有。

高帽乌头

Aconitum longecassidatum Nakai

毛茛科 | 乌头属

【特征】茎高约 65 cm，被反曲的淡黄色短毛，等距地生约 6 枚叶，中部以上有短分枝。茎下部叶具长柄，中部以上叶具短柄；叶片似两色乌头，长约 7 cm，宽约 12 cm，3 裂至中部或稍超过中部，中央深裂片倒梯状菱形，侧深裂片轮廓斜扇形，不等 2 裂近中部，两面被稍密的淡黄色短毛。总状花序具 6 ~ 7 朵花；花瓣无毛，距比唇长约 2.5 倍，向后弯曲；雄蕊无毛，花丝全缘或具 2 枚小牙齿；心皮 3，无毛。

【物候期】9 月开花。

【分布】分布于山东东部（青岛、烟台等地）及辽宁南部（大连）。生于崂山、牙山等山地。

【价值】含有多种生物碱，药用价值高。

【致危因子与保护理由】分布范围有限，数量稀少，是潜在的药用植物资源。

腺毛翠雀

Delphinium grandiflorum var. *gilgianum* (Pilger ex Gilg) Finet & Gagnepain

毛茛科 | 翠雀属

【特征】茎高 50 ~ 80 cm，密被开展的短柔毛和腺毛，不分枝。基生叶有长柄，茎生叶稀疏，下部叶有长柄；叶片近圆形或五角形，3 全裂，全裂片细裂，末回裂片狭披针形或披针状线形，表面被极短的曲柔毛，背面沿脉被较长的短柔毛；叶柄长 5 ~ 20 cm，基部具狭鞘。顶生总状花序有 5 ~ 7 花，下部常有 2 分枝，分枝有 2 ~ 4 花；轴和花梗以及苞片密被开展的短柔毛和腺毛；小苞片生花梗中上部，钻形；萼片蓝色，雄蕊无毛；心皮 3，子房密被短柔毛。蓇葖果上部稍反曲。种子倒卵状四面体形，沿棱具翅。

【物候期】6 月开花。

【分布】产于山东半岛（栖霞以东）。多生于山坡上。

【价值】全草可作土农药，杀苍蝇及其幼虫；根药用，在山东威海等地充作黄连用。

【致危因子与保护理由】人为干扰，采挖压力大。

丝叶唐松草

Thalictrum foeniculaceum Bunge

毛茛科 | 唐松草属

【特征】多年生草本植物，植株无毛；茎高 78 cm。基生叶 2 ~ 6，二至四回三出复叶；小叶薄革质，线形或近丝状，长 0.6 ~ 3.0 cm，宽 0.5 ~ 1.5 mm，全缘，中脉隆起；叶柄长 1.5 ~ 9.0 cm。聚伞花序伞房状，花稀疏；萼片 4，粉红或白色，椭圆形或窄倒卵形，长 0.6 ~ 1.0 cm；雄蕊多数，花丝丝状，较花药短，花药顶端具小尖头；心皮 7 ~ 11，花柱极短，腹面具柱头。瘦果窄长圆形，长 3.5 ~ 4.5 mm，每侧具 3 纵肋。

【物候期】花期 6 ~ 7 月。

【分布】生于海拔 590 ~ 1000 m 间干燥草坡、山脚砂地或多石砾处及平原草丛中。山东淄博有标本记录。

【致危因子与保护理由】特殊生境（石灰岩），种群数量较小，稀有。

多被银莲花

Anemone raddeana Regel

毛茛科 | 银莲花属

【特征】 植株高达 30 cm；根茎长 2 ~ 3 cm，径 3 ~ 7 mm。基生叶 1，具长柄；叶 3 全裂，全裂片具细柄，2 ~ 3 深裂，近无毛。花葶近无毛；苞片 3，具柄，近扇形，长 1 ~ 2 cm，3 全裂，中裂片倒卵形或倒卵状长圆形，近先端疏生小齿，侧裂片稍斜；花梗长 1.0 ~ 1.3 cm；萼片 9 ~ 15，白色，长圆形，长 1.2 ~ 1.9 cm；花丝丝状，花药长圆形；心皮约 30，子房密被短柔毛，花柱短。

【物候期】 花期 4 ~ 5 月。

【分布】 生于海拔 800 m 左右的山地林中或草地背阴处。山东崂山和昆嵛山有分布。

【价值】 根状茎入药。

【致危因子与保护理由】 野外种群较小，喜冷凉而易受气候变化影响。

褐毛铁线莲

Clematis fusca Turcz.

毛茛科 | 铁线莲属

【特征】多年生草质藤本；茎被柔毛。羽状复叶具 (5 ~)7(~ 9) 小叶；小叶纸质，卵形或宽卵形，长 2 ~ 9 cm，先端渐尖或尖，基部圆或近心形，全缘，不裂或 2 ~ 3 浅裂，两面疏被柔毛或近无毛，顶生小叶成卷须；叶柄长 2.5 ~ 4.5 cm。花序腋生，1 花；花序梗近无或长 1 ~ 3 cm；苞片卵形或椭圆形，长 0.7 ~ 1.8 cm；花梗长 6 ~ 8 mm，下弯；萼片 4，褐紫色，卵状长圆形，长约 1.8 cm，被柔毛；花丝及花药密被长柔毛，花药具小尖头。瘦果宽椭圆形，长约 6 mm，疏被柔毛，宿存花柱长约 3 cm。

【物候期】花期 6 ~ 7 月。

【分布】生于海拔 500 ~ 1000 m 的山坡、林边及杂木林中或草坡上。山东昆嵛山、崂山、荣成有分布。

【致危因子与保护理由】种群小而分散，稀有物种。

转子莲

Clematis patens Morr. et Decne.

毛茛科 | 铁线莲属

【特征】草质藤本；茎疏被柔毛。三出复叶或羽状复叶具 5 小叶；小叶纸质，卵形或窄卵形，长 3 ~ 7 cm，先端渐尖或尖，基部圆、平截、宽楔形或浅心形，全缘，两面脉疏被柔毛；叶柄长 4 ~ 8 cm。单花顶生，径 7 ~ 12 cm；花梗长 4.6 ~ 10.0 cm；萼片 8，白色，平展，倒卵形或窄倒卵形，长 3.5 ~ 6.0 cm，沿中脉被柔毛；雄蕊无毛，花药线形，长 6 ~ 8 mm，顶端钝或具小尖头。瘦果宽卵圆形，长 3.5 ~ 5.0 mm，被柔毛；宿存花柱长 3.0 ~ 3.8 cm，羽毛状。

【物候期】花期 5 ~ 6 月。

【分布】产于山东东部（崂山）、辽宁东部。生于海拔 200 ~ 1000 m 的山坡杂草丛中及灌丛中。

【价值】根及茎可入药；花大而美丽，是点缀园墙、棚架、围篱及凉亭等垂直绿化的好材料，亦可配植于假山、岩石或盆栽以供观赏，也是较好的育种植物。

【致危因子与保护理由】栖息地破碎化，人为干扰及采摘压力大。

水毛茛

Batrachium bungei (Steud.) L. Liou

毛茛科 | 水毛茛属

【特征】 多年生沉水草本；茎长 30 cm 以上，无毛或节被毛。叶半圆形或扇状半圆形，宽 2.5 ~ 4.0 cm，三至五回细裂，丝状小裂片在水外通常收拢，无毛或近无毛；叶柄长 0.7 ~ 2.0 cm。花梗长 2 ~ 5 cm；无毛；花托被毛；萼片卵状椭圆形，长 2.5 ~ 4.0 mm，无毛；花瓣白色，基部黄色，倒卵形，长 5 ~ 9 mm；雄蕊 10 余枚。聚合果卵圆形，径约 3.5 mm；瘦果斜倒卵圆形，长 1.2 ~ 2.0 mm。

【物候期】 花期 5 月至 8 月。

【分布】 生于山谷溪流、河滩积水地、平原湖中或水塘中。山东济南、潍坊临朐有分布。

【价值】 花朵美丽，可应用于园林水体绿化等；干燥块根可药用。

【致危因子与保护理由】 分布边缘，山东省内已知分布点极少，因喜冷凉的特性可作为气候变化的指示。

五味子

Schisandra chinensis (Turcz.) Baill.

五味子科 | 五味子属

【特征】落叶木质藤本，除幼叶下面被柔毛及芽鳞具缘毛外余无毛。叶互生，膜质，宽椭圆形、卵形、倒卵形、宽倒卵形或近圆形，长 (3 ~)5 ~ 10(~ 14) cm。花被片粉白或粉红色，6 ~ 9 片，长圆形或椭圆状长圆形，长 0.6 ~ 1.1 cm；雄花花梗长 0.5 ~ 2.5 cm，雄蕊 5(6)，长约 2 mm，离生，直立排列；雌花花梗长 1.7 ~ 3.8 cm，雌蕊群近卵圆形，长 2 ~ 4 mm，单雌蕊 17 ~ 40 枚。聚合果长 1.5 ~ 8.5 cm，小浆果红色，近球形或倒卵圆形，果皮具不明显腺点。种子 1 ~ 2 粒，肾形，种皮光滑。

【物候期】花期 5 ~ 6 月（平原栽培者 4 月即开），果熟期 9 ~ 10 月。

【分布】产于山东泰山、徂徕山、沂山、崂山、牙山、昆嵛山等地，据记载济南（龙洞）、鲁山、蒙山也有。生于植被茂密的沟谷、灌丛或林中，偶有栽培。

【价值】果实为著名中药；叶、果实可提取芳香油；种仁榨油可作工业原料、润滑油；茎皮纤维可制绳索。

【致危因子与保护理由】种群分散、繁殖较困难。本种可自交但成功率极低，种子发芽不易，种群更新较难。

红 楠

Machilus thunbergii Sieb. et Zucc.

樟科｜润楠属

【特征】乔木，树皮黄褐色；小枝基部具环形芽鳞痕；顶芽大而显著，卵圆形或长圆状卵圆形，萌动时新梢红色；芽鳞褐色，基部无毛，具缘毛。叶倒卵形或倒卵状披针形，长 5 ~ 13 cm，先端骤钝尖或渐钝尖，基部楔形，下面带白粉，上面中脉稍凹下，侧脉不明显；叶柄长 1.0 ~ 3.5 cm。花序顶生或在新枝上腋生，长 5 ~ 12 cm，无毛，在上端分枝；苞片卵形，被褐红色平伏茸毛；花被片无毛；雄蕊花丝无毛，第 3 轮基部腺体具柄。果扁球形，黑紫色，径约 1 cm；果柄鲜红色。

【物候期】在青岛花期为 5 月，果期 7 ~ 9 月。南方种群的花期和果期更早。

【分布】产于山东青岛（崂山太清宫一带、长门岩）。生于海边山坡林中，青岛市植物园和崂山有栽培。

【价值】用材树种；叶可提取芳香油；种子油可制肥皂和润滑油；树皮可入药；耐海滨强风环境，可营造防风林，也宜观赏。

【致危因子与保护理由】种群分散、繁殖困难，生境破坏。本种为典型亚热带植物，青岛是本种在我国分布的北限，山东种群有较大生物地理学意义。

三桠乌药

Lindera obtusiloba Bl.

樟科 | 山胡椒属

【特征】落叶灌木，高达 10 m，一般高 2 ~ 4 m；小枝黄绿色；芽卵圆形，无毛，内芽鳞被淡褐黄色绢毛；有时为混合芽，混合芽椭圆形。叶近圆形或扁圆形，长 5.5 ~ 10.0 cm，先端尖，稀全缘，基部近圆或心形，稀宽楔形，下面被褐黄色柔毛或近无毛，三出脉，稀五出脉，网脉明显；叶柄长 1.5 ~ 2.8 cm，被黄白色柔毛。先花后叶，具无总梗花序 5 ~ 6，每花序具 5 花；雄花花被片被长柔毛，内面无毛，能育雄蕊 9 枚。果宽椭圆形，长 8 mm，红至紫黑色。

【物候期】在崂山，花期 3 ~ 4 月，开花后新叶绽开；果期 9 ~ 10 月。

【分布】主产于山东半岛山地丘陵，向西渐少，至泰山偶见。生于花岗岩山中的林下、灌丛，在山东几乎不择海拔。

【价值】种子可用于医药及轻工业原料；木材可作为细木工用材，常用于制作手杖，崂山棍即取材于此。

【致危因子与保护理由】有采伐、采摘压力。本种目前在山东分布较广，数量较多，繁衍正常，且是国内樟科植物最耐寒者，可视为其抗冻遗传特性的基因库。

狭叶山胡椒

Lindera angustifolia Cheng

樟科 | 山胡椒属

【特征】 落叶小乔木或灌木状，高达 8 m；幼枝黄绿色，无毛；冬芽卵圆形，紫褐色，芽鳞具脊。叶椭圆状披针形，长 6 ~ 14 cm，先端渐尖，基部楔形，下面沿脉疏被柔毛，侧脉 8 ~ 10 对。伞形花序 2 ~ 3 腋生；雄花序具 3 ~ 4 花，花梗长 3 ~ 5 mm，花被片 6 枚，能育雄蕊 9；雌花序具 2 ~ 7 花，花梗长 3 ~ 6 mm，花被片 6，柱头头状，退化雄蕊 9 枚。果球形，径约 8 mm，黑色，果托径约 2 mm；果柄长 0.5 ~ 1.5 cm，被微柔毛或无毛。

【物候期】 花期 3 ~ 4 月，果期 9 ~ 10 月。

【分布】 生于山坡灌丛或疏林中。山东昆嵛山、崂山等地有分布。

【价值】 种子油可制肥皂及润滑油；叶可提取芳香油，用于配制化妆品及皂用香精。

【致危因子与保护理由】 种群小，较为稀有；生境受人为干扰较重。

红果山胡椒

Lindera erythrocarpa Makino

樟科 | 山胡椒属

【特征】落叶小乔木或灌木状，高达 5 m；幼枝灰白或灰黄色，皮孔显著；冬芽角锥形，长约 1 cm。叶纸质，倒披针形，稀倒卵形，先端渐尖，基部窄楔形，常下延。伞形花序梗长约 5 mm，具 15 ~ 17 花；雄花花梗疏被柔毛，长约 3.5 mm，花被片 6 枚，近相等，椭圆形，疏被柔毛，内面无毛，雄蕊 9 枚，近等长。果球形，红色。

【物候期】花期 4 月，果期 9 ~ 10 月。

【分布】生于海拔 1000 m 以下山坡、山谷、溪边、林下等处。山东昆嵛山、伟德山、崂山等地有分布。

【价值】树皮和叶入药，富含多种生物碱。

【致危因子与保护理由】种群小，稀有，受人类活动干扰。

胶州延胡索

Corydalis kiautschouensis V. Poelln.

罂粟科 | 紫堇属

【特征】 多年生草本，高 15 ~ 30 cm；块茎圆球形，直径 1 ~ 2 cm；茎柔弱，细长，近基渐狭，基部以上具 1 鳞片，腋内常分枝，通常具 2 叶。叶苍白色，互生，具长柄，二回或近三回三出，小叶全缘至 3 深裂成或宽或狭的倒卵形或卵状披针形裂片。总状花序常低于叶，疏具 3 ~ 10 花；苞片倒卵形，全缘或扇形分裂，果期多少增大。蒴果宽披针形，包括花柱在内长约 2 cm，具 5 ~ 10 粒种子。种子平滑，宽约 2 mm。

【物候期】花期 4 ~ 5 月，果期 8 ~ 10 月。

【分布】 产于吉林、辽宁、山东东部、江苏北部，形成沿渤海湾两岸的分布格局。多生于海拔 150 ~ 900 m 的石间阴湿地或沙质土地。

【致危因子与保护理由】 山东为模式产地，较稀有。

刻叶紫堇

Corydalis incisa (Thunb.) Pers.

罂粟科 | 紫堇属

【特征】灰绿色直立草本，高 15 ~ 60 cm；根茎短而肥厚，椭圆形，约长 1 cm，粗 5 mm，具束生的须根；茎不分枝或少分枝，具叶。叶具长柄，基部具鞘，叶片二回三出，一回羽片具短柄，二回羽片近无柄，菱形或宽楔形，约长 2 cm，宽 1 cm，3 深裂，裂片具缺刻状齿。总状花序长 3 ~ 12 cm，多花，先密集，后疏离；苞片约与花梗等长，菱形或楔形，具缺刻状齿。蒴果线形至长圆形，长 1.5 ~ 2.0 cm，具 1 列种子。

【分布】生于近海平面至 1800 m 的林缘、路边或疏林下。日本和朝鲜有分布。山东昆嵛山有标本记录。

【价值】全草药用。

【致危因子与保护理由】分布边缘，山东省内已知分布点少（仰天山），较为稀有。

全叶大蒜芥

Sisymbrium luteum (Maxim.) O. E. Schulz

十字花科 | 大蒜芥属

【特征】多年生草本，高 30 ~ 100 cm；全株被伸展硬毛，但在茎上部极为稀疏；茎不分枝或在基部分枝。茎生叶具长柄，叶片倒卵形，边缘具锯齿；茎上部的叶小，叶片卵状披针形，边缘具锯齿。总状花序疏松，果期伸长；萼片窄长圆形，长约 5.5 mm，宽约 1 mm，边缘有窄膜质边；花瓣黄色，楔状长圆形至窄卵形，长约 7 mm，宽约 1 mm。长角果圆筒状，长 8 ~ 10 cm，宽约 1.5 mm；花柱长 2 ~ 3 mm；果瓣两端钝圆；果梗长 8 ~ 10 mm。种子长圆形，长 1.5 ~ 2.5 mm，宽约 0.75 mm，红褐色。

【物候期】花期 7 ~ 9 月。

【分布】多生于山坡上。山东青岛、烟台、威海有分布。

【致危因子与保护理由】山东省内已知分布点极少（崂山），稀有。

球茎虎耳草

Saxifraga sibirica L.

虎耳草科 | 虎耳草属

【特征】多年生草本，高达 25 cm；茎密被腺柔毛。基生叶肾形，长 0.7 ~ 1.8 cm，7 ~ 9 浅裂，裂片卵形、宽卵形或扁圆形，两面和边缘具腺柔毛，叶柄长 1.2 ~ 4.5 cm，被腺柔毛；茎生叶肾形、宽卵形或扁圆形，长 0.45 ~ 1.50 cm，基部肾形、截形或楔形，叶柄长 1 ~ 9 mm。聚伞花序伞房状，长 2.3 ~ 17.0 cm，具 2 ~ 13 花，稀花单生；花梗纤细，长 1.5 ~ 4.0 cm，被腺柔毛；萼片直立，披针形或长圆形，长 3 ~ 4 mm；花瓣白色，倒卵形或窄倒卵形，长 0.6 ~ 1.5 cm，基部渐窄成爪，3 ~ 8 脉，无痂体；雄蕊长 2.5 ~ 5.5 mm，花丝钻形。

【物候期】花果期 5 ~ 11 月。

【分布】生于海拔 770 ~ 5100 m 的林下、灌丛、高山草甸和石隙。

【致危因子与保护理由】特殊生境（石缝），稀有。

柔毛金腰

Chrysosplenium pilosum var. *valdepilosum* Ohwi

虎耳草科 | 金腰属

【特征】本变种与原变种之区别在于其茎生叶和苞叶边缘具明显钝齿（原变种具不明显之波状圆齿），腹面无毛，背面和边缘具褐色柔毛（原变种两面均无毛），种子之纵沟较浅（原变种纵沟较深）。

【物候期】花果期 4 ~ 7 月。

【分布】生于海拔 1500 ~ 3500 m 的林下阴湿处或山谷石隙。山东泰山、牙山也有分布。

【致危因子与保护理由】山东省内已知分布点极少，稀有。

东北茶藨子

Ribes mandshuricum (Maxim.) Kom.

虎耳草科 | 茶藨子属

【特征】落叶灌木；小枝具柔毛或近无毛，无刺。叶长宽均 5 ~ 10 cm；基部心形，幼时两面被灰白色平贴柔毛，下面甚密，老时毛稀疏，掌状 3(5) 裂，裂片卵状三角形，具不整齐粗锐齿或重锯齿；叶柄长 4 ~ 7 cm，具柔毛。花梗长 1 ~ 3 mm；苞片卵圆形；花萼浅绿或带黄色，无毛或近无毛，萼片倒卵状舌形或近舌形，长 2 ~ 3 mm，边缘无睫毛，反折；花瓣近匙形，浅黄绿色，下面有 5 个分离的突出体；子房无毛，花柱顶端 2 裂，有时分裂近中部。果球形，径 7 ~ 9 mm，红色，无毛。

【物候期】花期 4 ~ 6 月，果期 7 ~ 8 月。

【分布】生于山坡或山谷针、阔叶混交林下或杂木林内。山东鲁中南及胶东山区也有分布。

【价值】果实可食用。

【致危因子与保护理由】生境被破坏，种群小，稀有。

华蔓茶藨子

Ribes fasciculatum var. *chinense* Maxim.

茶藨子科 | 茶藨子属

【特征】常绿灌木，高达 1.5 m。花单性，雌雄异株，组成几无总梗的伞形花序；雄花序具花 2 ~ 9 朵；雌花 2 ~ 4 朵簇生，稀单生；花梗长 5 ~ 9 mm，具关节，被较密柔毛；苞片长圆形，长 5 ~ 8 mm，宽 2.0 ~ 3.5 mm，先端钝或稍微尖；花萼黄绿色，有香味；萼筒杯形，长 2 ~ 3 mm，萼片卵圆形或舌形；花瓣近圆形或扇形，长 1.5 ~ 2.0 mm；雄蕊长于花瓣，花丝极短，花药扁椭圆形；雌花的雄蕊不发育，花药无花粉；子房梨形，光滑无毛，雄花的子房退化；花柱先端 2 裂。果实近球形，直径 7 ~ 10 mm，红褐色，无毛，味欠佳。

【物候期】花期 4 ~ 5 月，果期 7 ~ 9 月。

【分布】分布于各大山地，生于山坡林下、林缘或石质坡地，海拔 700 ~ 1300 m。

【价值】常于庭园栽培供观赏。

【致危因子与保护理由】面临一定的采挖压力，种群小，稀有。

小野珠兰

Stephanandra incisa (Thunb.) Zabel

蔷薇科 | 小米空木属

【特征】灌木，高达 2.5 m；小枝微被柔毛。叶卵形或三角状卵形，长 2 ~ 4 cm，先端渐尖或尾尖，基部心形或平截，边缘常深裂，具 4 ~ 5 对裂片及重锯齿，上面具稀疏柔毛，下面微被柔毛沿叶脉较密，侧脉 5 ~ 7 对；叶柄长 3 ~ 8 mm，被柔毛，托叶卵状披针形或长椭圆形，微有锯齿及睫毛，长约 5 mm。顶生疏散圆锥花序，长 2 ~ 6 cm；花瓣倒卵形，白色；雄蕊 10 枚，短于花瓣，着生被丝托边缘；心皮 1，花柱顶生，直立。蓇葖果近球形，径 2 ~ 3 mm，被柔毛，具宿存直立或开展的萼片。

【物候期】花期 5 ~ 6 月，果期 8 ~ 9 月。

【分布】产于鲁南、鲁东丘陵，如沂山、蒙山、崂山、昆嵛山等地。生于花岗岩山坡林下或灌丛，约 1100m 高处也可见。

【价值】枝叶错落，花秀丽，是良好的观赏树种。

【致危因子与保护理由】本种的山东种群目前总体上仍能正常繁衍，短期内灭绝风险小。山东种群为国内主要种群和天然种质资源库。

皱叶委陵菜

Potentilla ancistrifolia Bge.

蔷薇科 | 委陵菜属

【特征】多年生草本。基生叶为羽状复叶，有 2 ~ 4 对小叶，下面一对常形小，连叶柄长 5 ~ 15 cm，叶柄被疏柔毛，小叶椭圆形、长椭圆形或椭圆状卵形，长 1 ~ 4 cm，先端急尖或圆钝，基部楔形或宽楔形，有三角状卵形粗齿，上面有皱褶，被贴生疏柔毛，下面密被柔毛，沿脉贴生长柔毛；茎生叶 2 ~ 3 个，有 1 ~ 3 对小叶，托叶全缘。花茎直立，高达 30 cm，被疏柔毛，有时上部有腺毛。

【物候期】花果期 5 ~ 9 月。

【分布】生于山坡草地、岩石缝中、多砂砾地及灌木林下，海拔 300 ~ 2400 m。

【致危因子与保护理由】较广布，山东在分布边缘，仅在济南有发现。

野皂荚

Gleditsia microphylla Gordon ex Y. T. Lee

豆科 | 皂荚属

【特征】灌木或小乔木，高达 4 m；幼枝被短柔毛；刺长 1.5 ~ 6.5 cm。叶为一回或二回羽状复叶，羽片 2 ~ 4 对，长 7 ~ 16 cm；小叶 5 ~ 12 对，斜卵形或长椭圆形，长 0.6 ~ 2.4 cm，宽 0.3 ~ 1.0 cm，上面无毛，下面被短柔毛；叶脉在两面均不清晰。花绿白色，近无梗，簇生，组成穗状花序或顶生圆锥花序；花序长 5 ~ 12 cm；雄花径约 5 mm，花萼裂片长 2.5 ~ 3.0 mm，花瓣 4，长约 3 mm，雄蕊 6 ~ 8 枚；两性花径约 4 mm；花瓣 4，长 2 mm，两面被毛，雄蕊 4 枚，子房具长柄，无毛。荚果斜椭圆形，长 3 ~ 6 cm，红棕或深褐色，无毛，果颈长 1 ~ 2 cm。

【物候期】花期 6 ~ 7 月，果期 7 ~ 10 月。

【分布】生于山坡阳处或路边，海拔 130 ~ 1300 m。山东济南、泰山、乳山有分布。

【价值】一种特用经济树种和荒山绿化的主要灌木树种。野皂荚为深根性树种，能有效地固结土壤，防止水土流失。

【致危因子与保护理由】特殊生境石灰岩植物，喜冷凉而易受气候变化影响。

黄 檀

Dalbergia hupeana Hance

豆科 | 黄檀属

【特征】乔木，高 10 ~ 20 m；树皮暗灰色，呈薄片状剥落；幼枝软，淡绿色，无毛。羽状复叶长 15 ~ 25 cm；托叶披针形，小；小叶 3 ~ 5 对，椭圆形或长圆状椭圆形，长 3.5 ~ 6.0 cm，先端钝或微凹，基部圆或宽楔形，厚实，无毛。花萼钟状，萼齿 5，最下面一枚披针形，较长，上面 2 枚宽卵形，连合，两侧 2 枚卵形，较短，有锈色柔毛；花冠白或淡紫色，花瓣具瓣柄；雄蕊 10 枚，二体 (5+5)；子房具短柄，胚珠 2 ~ 3 颗。荚果长圆形或宽舌状，长 4 ~ 7 cm，宽 1.3 ~ 1.5 cm，具 1 ~ 2(3) 种子。种子肾形，长 0.7 ~ 1.4 cm，宽 5 ~ 9 mm。

【物候期】在山东济南栽培者 4 月下旬才发芽。花期 6 ~ 7 月，果熟期 10 ~ 11 月。

【分布】主产山东鲁南地区，半岛较少，鲁中偶见；也有栽培。常生于少树的花岗岩山坡，也见于山谷林中。

【价值】木材坚韧致密；根皮可药用；果实可以榨油；可作庭荫树、风景树、行道树，或用于石灰质土壤、荒山荒地绿化。

【致危因子与保护理由】栖息地破坏，有一定采伐压力。山东处于本种分布区的北缘，种群有一定生物地理学意义。

羽叶长柄山蚂蟥

Hylodesmum oldhamii (Oliver) H. Ohashi & R. R. Mill

豆科 | 长柄山蚂蟥属

【特征】多年生草本，茎直立；根茎木质，较粗壮；茎微有棱，几无毛。叶为羽状复叶，小叶 7，偶为 3 ~ 5；托叶钻形，被短柔毛；小叶纸质，披针形、长圆形或卵状椭圆形，顶生小叶较大，下部小叶较小，先端渐尖，基部楔形或钝，两面疏被短柔毛，全缘，侧脉每边约 6 条；小托叶丝状，早落；顶生小叶的小叶柄长约 1.5 cm。总状花序顶生或顶生和腋生，单一或有短分枝，长达 40 cm，花序轴被黄色短柔毛；花疏散；苞片狭三角形，长 5 ~ 8 mm，宽约 1 mm；开花时花梗长 4 ~ 6 mm，结果时长 6 ~ 11 mm，密被开展钩状毛；子房线形，被毛，具子房柄，花柱弯曲。荚果扁平，自背缝线深凹入至腹缝，通常有荚节 2，稀 1 ~ 3，荚节斜三角形，有钩状毛。

【物候期】花期 8 ~ 9 月，果期 9 ~ 10 月。

【分布】生于山坡杂木林下、山沟溪流旁林下、灌丛及多石砾地，海拔 100 ~ 1650 m。

【价值】全株入药。

【致危因子与保护理由】山东省内目前仅见于仰天山、正棋山，分布点少，较为珍稀。

红花截叶铁扫帚

Lespedeza lichiyuniae T. Nemoto

豆科 | 胡枝子属

【特征】 亚灌木或多年生草本，高 50 ~ 120 cm；茎直立或上升，上升或贴伏短柔毛。叶具 3 小叶；叶柄（1.5 ~）2.0 ~ 15.0 mm；小叶狭倒卵形，顶生一片，背面密被伏毛，正面无毛，基部楔形，先端钝或截形，短尖。总状花序腋生，花序梗短；花萼 3 ~ 4 mm，5 深裂；裂片贴伏或上升，披针形；花冠粉红色或浅紫色，标准宽椭圆形到圆形，基部具深紫色斑点；翅淡紫白色，狭倒卵形到倒卵形；龙骨浅紫白色，尖端深紫色。

【物候期】 花期 8 ~ 9 月，果期（9 月 ~）10 ~ 11 月。

【分布】 生于海拔 200 ~ 3000 m 的山谷、阳光明媚的山坡。山东威海有标本记录。

【致危因子与保护理由】 山东省内较新发表的物种，省内已知种群少。

渐尖叶鹿藿

Rhynchosia acuminatifolia Makino

豆科 | 鹿藿属

【特征】 缠绕草本；茎纤细，被短柔毛。叶具羽状 3 小叶；托叶小，膜质，卵形，早落；叶柄长 2.5 ~ 7.0 cm，被短柔毛；小叶近膜质，顶生小叶卵形、宽椭圆形，长 4 ~ 8 cm，宽 2.5 ~ 5.5 cm；基出脉 3，侧脉每边约 3 条，上面略被短柔毛，侧生小叶斜卵形，稍小；小叶柄短。花密生，长约 1 cm；花萼钟状，长 3 ~ 5 mm；花瓣近等长，均具瓣柄，旗瓣近圆形，瓣片基部两侧各具一内弯的耳，翼瓣窄椭圆形，龙骨瓣顶端具长喙；子房线形，疏被毛。荚果长圆形，扁平，长约 1.5 cm，宽约 0.9 cm，于种子间略收缩。种子 2 颗，肾状圆形，直径约 5 mm，通常黑色。

【物候期】 花、果期 7 ~ 10 月。

【分布】 常生于路边林下、草丛中。山东崂山有分布。

【致危因子与保护理由】 山东省内已知分布点少，种群小，珍稀。

锦鸡儿

Caragana sinica (Buc'hoz) Rehd.

豆科 | 锦鸡儿属

【特征】灌木，高 1 ~ 2 m；树皮深褐色；小枝有棱，无毛。托叶三角形，硬化成针刺，长 5 ~ 7 mm；叶轴脱落或硬化成针刺，针刺长 7 ~ 15(25) mm；小叶 2 对，羽状，有时假掌状，上部 1 对常较下部的为大，厚革质或硬纸质，倒卵形或长圆状倒卵形，长 1.0 ~ 3.5 cm，宽 5 ~ 15 mm，上面深绿色，下面淡绿色。花单生，花梗长约 1 cm，中部有关节；花萼钟状，长 12 ~ 14 mm，宽 6 ~ 9 mm，基部偏斜；花冠黄色，常带红色，长 2.8 ~ 3.0 cm，旗瓣狭倒卵形，具短瓣柄，翼瓣稍长于旗瓣，瓣柄与瓣片近等长，耳短小，龙骨瓣宽钝；子房无毛。荚果圆筒状，长 3.0 ~ 3.5 cm，宽约 5 mm。

【物候期】花期 4 ~ 5 月，果期 7 月。

【分布】生于山坡和灌丛。山东济南、潍坊、青岛、临沂、泰山等地有分布。

【价值】供观赏或做绿篱；根皮供药用。

【致危因子与保护理由】种群小，珍稀。

鸡峰山黄芪

Astragalus kifonsanicus Ulbr.

豆科 | 黄芪属

【特征】多年生草本，高 20 ~ 40 cm；茎匍匐斜上，被白色伏贴毛。羽状复叶有 3 ~ 9 片小叶；叶柄短，被白色伏贴毛；托叶膜质，离生，卵形或卵状披针形，疏被白色柔毛；小叶披针形，长 1 ~ 4 cm，宽 3 ~ 10 mm，先端尖，基部圆钝，两面被白色伏贴毛，无柄或近无柄。总状花序生 5 ~ 15 花；总花梗较叶长，被白色伏贴毛；苞片小，狭披针形，被长刚毛；花萼管状，长 10 ~ 15 mm；花冠淡红色或白色，无毛，旗瓣长圆形，龙骨瓣较翼瓣短，瓣片半圆形，瓣柄较瓣片长；子房被伏贴毛，有长约 1 mm 的短柄。荚果圆柱形，长 3 ~ 5 cm，微弯，被白色伏贴毛，假 2 室。种子达 30 颗，肾形。

【物候期】花期 4 ~ 5 月，果期 8 ~ 10 月。

【分布】生于海拔 500 ~ 1500 m 间的山坡、灌丛和河滩等地。山东济南的丘陵地带有分布。

【价值】可作饲料及保持水土之用。

【致危因子与保护理由】山东省内已知分布点极少，分布边缘，生境特殊，为石灰岩植物。

蒙古黄芪

Astragalus membranaceus var. *mongholicus* (Bunge) P.K.Hsiao

豆科 | 黄芪属

【特征】多年生草本，高 50 ~ 100 cm；主根肥厚，木质，灰白色；茎直立，上部多分枝，有细棱，被白色柔毛。羽状复叶有 13 ~ 27 片小叶，长 5 ~ 10 cm；叶柄长 0.5 ~ 1.0 cm；托叶离生，卵形至线状披针形，下面有时被白色柔毛；小叶椭圆形或长圆状卵形。总状花序有 10 ~ 20 朵花；总花梗到果期显著伸长；苞片线状披针形，背面被白色柔毛；花梗长 3 ~ 4 mm；花萼钟状，长 5 ~ 7 mm，外被白或黑色柔毛；花冠黄色至浅黄色，旗瓣倒卵形，长 12 ~ 20 mm；子房被细柔毛。荚果薄膜质，稍膨胀，长 20 ~ 30 mm，宽 8 ~ 12 mm，顶端具刺尖，两面被白或黑色细短柔毛。种子 3 ~ 8。

【物候期】花期 6 ~ 8 月，果期 7 ~ 9 月。

【分布】山东各大山区均有，栽培较为常见。

【价值】为常用中药。

【致危因子与保护理由】采挖压力大。国内黄芪野生种群已近枯竭，商品药材主要源于栽培。山东省在岱顶有本种野生种群，植株尚多但较稀疏。

刺果甘草

Glycyrrhiza pallidiflora Maxim.

豆科 | 甘草属

【特征】多年生草本；根和根状茎不含甘草酸；茎直立，高 1.0 ~ 1.5 m，密被黄褐色鳞片状腺点，几无毛。羽状复叶长 6 ~ 20 cm，叶柄无毛，密生腺点；小叶 9 ~ 15，披针形，长 2 ~ 6 cm，两面均密被鳞片状腺点，无毛，基部楔形，先端渐尖，边缘具钩状细齿。总状花序长圆形，腋生，花密集成球；花序梗密生短柔毛和鳞片状腺点；花萼钟状，长 4 ~ 5 mm，密被腺点，萼齿 5，披针形；花冠淡紫、紫或淡紫红色。荚果卵圆形，长 1.0 ~ 1.7 cm，被长约 5 mm 刚硬的刺，顶端具突尖。种子 2，圆肾形，黑色。

【物候期】花期 6 ~ 7 月，果期 7 ~ 9 月。

【分布】常生于河滩地、岸边、田野、路旁。山东东营、淄博、菏泽有分布。

【价值】茎叶作绿肥。

【致危因子与保护理由】栖息地易被破坏。

北野豌豆

Vicia ramuliflora (Maxim.) Ohwi

豆科 | 野豌豆属

【特征】多年生草本，高 40 ~ 100 cm；根膨大呈块状，近木质化，直径可达 1 ~ 2 cm，表皮黑褐色或黄褐；茎具棱，通常数茎丛生，被微柔毛或近无毛。偶数羽状复叶长 5 ~ 8 cm，叶轴顶端卷须短缩为短尖头；托叶半箭头形或斜卵形或长圆形；全缘或基部齿蚀状。小叶长卵圆形或长卵圆披针形；先端渐尖或长尾尖，基部圆或楔形；下面沿中脉被毛，全缘，纸质。总状花序腋生，于基部或总花序轴上部有 2 ~ 3 分支，呈复总状近圆锥花序，通常短于叶；花萼斜钟状，萼齿三角形；子房线形，花柱上部四周有毛，胚珠 5 ~ 6，柱头头状。荚果长圆菱形。种子 1 ~ 4，椭圆形，种皮深褐色。

【物候期】花期 6 ~ 8 月，果期 7 ~ 9 月。

【分布】生于海拔 700 ~ 1500 m 亚高山草甸、混交林下、林缘草地及山坡。山东崂山有分布。

【致危因子与保护理由】山东省内分布较少，仅崂山、昆嵛山有记载。

大野豌豆

Vicia sinogigantea B. J. Bao & Turland

豆科 | 野豌豆属

【特征】多年生草本，高 0.4 ~ 1.0 m，基部木；茎有棱，多分支。偶数羽状复叶，卷须有 2 ~ 3 分支或单一；托叶 2 深裂，裂片披针形，长约 6 mm；小叶 3 ~ 6 对，近互生，椭圆形或卵圆形，长 1.5 ~ 3.0 cm，宽 0.7 ~ 1.7 cm，两面被疏柔毛，叶脉 7 ~ 8 对，下面中脉凸出。总状花序长于叶，具 6 ~ 16 花，长约 6 mm；花萼钟状，萼齿窄披针形或锥形，外面被柔毛；花冠白色，有时为粉红、紫或淡紫色，旗瓣倒卵形，长约 7 mm；子房无毛，具长柄，胚珠 2 ~ 3，柱头上部四周被毛。荚果长圆形或菱形，长 1 ~ 2 cm，棕色。

【物候期】花期 6 ~ 7 月，果期 8 ~ 10 月。

【分布】生于海拔 600 ~ 2900 m 林下、河滩、草丛及灌丛。山东威海有标本记录。

【致危因子与保护理由】山东省内已知分布点较少，稀有。

山酢浆草

Oxalis griffithii Edgeworth & J. D. Hooker

酢浆草科 | 酢浆草属

【特征】多年生植物，高 7 ~ 25 cm，无茎，被短柔毛；根状茎在地下匍匐生长，完全密被暗褐色鳞片状叶基残留；鳞片具糙伏毛。叶基生叶柄 6 ~ 20 cm，被短柔毛，毛棕色、弯曲；小叶叶片倒三角形，背面被短柔毛，正面无毛，先端宽凹陷到近截形；裂片顶钝。花单生，下垂；花序梗 4 ~ 15 cm，与叶等长或较长；苞片位于花柄中部，披针形，2.5 ~ 4.0 mm，沿着中脉和边缘具密毛；萼片披针形，宿存；花瓣白色，具紫丁香脉，很少粉红色，狭倒卵形，先端微凹。蒴果长圆形或圆锥形。种子卵球形，纵向脊。

【物候期】花期 3 ~ 9 月，果期 5 ~ 10 月。

【分布】生于海拔 800 ~ 3400 m 的潮湿或干燥的背阴处。山东青岛有分布。

【致危因子与保护理由】山东省内已知分布点较少，稀有。

小果白刺

Nitraria sibirica Pall.

蒺藜科 | 白刺属

【特征】灌木，高达 1.5 m；多分枝，小枝灰白色，先端刺尖；幼枝之叶 4 ~ 6 簇生，倒披针形或倒卵状匙形，长 0.6 ~ 1.5 cm，宽 2 ~ 5 mm，基部楔形，无毛或幼时被柔毛。聚伞花序长 1 ~ 3 cm，疏被柔毛；萼片绿色；花瓣黄绿或近白色，长圆形，长 2 ~ 3 mm。果椭圆形或近球形，长 6 ~ 8 mm，熟时暗红色，果汁暗蓝紫色，味甜微咸；果核卵形，先端尖，长 4 ~ 5 mm。

【物候期】花期 5 ~ 6 月，果期 7 ~ 8 月。

【分布】生于湖盆边缘沙地、盐渍化沙地、沿海盐化沙地。山东潍坊寿光、东营、滨州沿海有分布，胶东沿海偶有分布。

【价值】耐盐碱和沙埋，对湖盆和绿洲边缘沙地有良好的固沙作用。果入药；枝、叶、果可做饲料。

【致危因子与保护理由】人类活动干扰，生境破坏。

竹叶花椒

Zanthoxylum armatum DC.

芸香科 | 花椒属

【特征】 小乔木或灌木状，高达 5 m；枝无毛，基部具宽而扁锐刺。奇数羽状复叶，叶轴、叶柄具翅，下面有时具皮刺，无毛；小叶 3 ~ 9(~ 11)，对生，纸质，几无柄，披针形、椭圆形或卵形，长 3 ~ 12 cm，宽 1.0 ~ 4.5 cm，先端渐尖，基部楔形或宽楔形，疏生浅齿，或近全缘，齿间或沿叶缘具油腺点，叶下面基部中脉两侧具簇生柔毛，下面中脉常被小刺。聚伞状圆锥花序腋生或兼生于侧枝之顶，长 2 ~ 5 cm，具花约 30 朵，花枝无毛；花被片 6 ~ 8，1 轮，大小几相同，淡黄色，长约 1.5 mm；雄花具 5 ~ 6 雄蕊，雌花具 2 ~ 3 心皮。果紫红色，疏生微凸油腺点，果瓣径 4 ~ 5 mm。

【物候期】 花期 4 ~ 5 月，果期 8 ~ 10 月。

【分布】 产于山东以南各省区。见于低丘陵坡地至海拔 2200 m 山地的多类生境，石灰岩山地亦常见。胶东及鲁中南山区有分布。

【价值】 果用作食物的调味料及防腐剂，根、茎、叶、果及种子均用作草药；可用作驱虫及醉鱼剂。

【致危因子与保护理由】 人类活动干扰，生境破坏。

白鲜

Dictamnus dasycarpus Turcz.

芸香科 | 白鲜属

【特征】多年生草本，株高达 1 m，有强烈气味；根肉质粗长，淡黄白色；枝幼嫩部分被柔毛及凸起油腺点。复叶叶轴具窄翅，小叶 9 ~ 13，椭圆形、长圆形或长圆状披针形，长 3 ~ 12 cm，先端渐尖，基部楔形，无柄，具细锯齿，上面密被油腺点，沿脉被毛，老时毛渐脱落。总状花序长 30 cm；花梗长 1.0 ~ 1.5 cm；苞片窄披针形；萼片长 6 ~ 8 mm；花瓣白带紫红色或粉红带深紫红色脉纹，倒披针形，长 2.0 ~ 2.5 cm，雄蕊伸出；萼片及花瓣均密生透明油腺点。蒴果五瓣裂，果瓣长约 1 cm，具尖喙。种子近球形，径约 3 mm。

【物候期】花期 5 ~ 6 月，果期 8 ~ 9 月。

【分布】产于山东胶东丘陵，包括崂山、艾山、牙山、昆嵛山、威海等地，但近年来仅少数地点有新增报告，偶有栽培。生于土坡或平地灌木丛中、草地或疏林下，石灰岩山地亦可见。

【价值】根皮入药作中药“白鲜皮”；花叶精致，可作绿化花卉。

【致危因子与保护理由】采挖压力大，种群孤立分散，繁殖较难。

小扁豆

Polygala tatarinowii Regel

远志科 | 远志属

【特征】一年生草本，高达 15 cm；茎无毛。叶纸质，卵形、椭圆形或宽椭圆形长 0.8 ~ 2.5 cm，宽 0.6 ~ 1.5 cm，先端骤尖，基部楔形下延，具缘毛，疏被柔毛；叶柄长 0.5 ~ 1.0 cm。总状花序顶生，花密；小苞片披针形，早落；外萼片 3 枚卵形或椭圆形，内 2 枚长倒卵形；花瓣红或紫红色，龙骨瓣 2/3 以下合生，无鸡冠状附属物；花丝 3/4 以下合生；果序长达 6 cm。蒴果扁球形，径 2 mm，具翅，疏被柔毛。种子近长圆形，长 1.5 mm，被白色柔毛，种阜盔状。

【物候期】花期 8 ~ 9 月，果期 9 ~ 11 月。

【分布】生于山坡草地、杂木林下或路旁草丛中，海拔（540 ~ ）1 300 ~ 3 000（ ~ 3 900 ）m。山东泰山、崂山、沂山、荣成地区有分布。

【价值】本种全草可药用。

【致危因子与保护理由】特殊生境（石缝），山东省已知分布点少，稀有。

乌桕

Triadica sebifera (Linnaeus) Small

大戟科 | 乌桕属

【特征】乔木，高达 15 m，各部均无毛而具乳状汁液。树皮暗灰色，有纵裂纹；枝广展，具皮孔。叶互生，纸质，叶片菱形、菱状卵形或稀有菱状倒卵形，长 3 ~ 8 cm，宽 3 ~ 9 cm，顶端骤然紧缩具长短不等的尖头，基部阔楔形或钝，全缘。花单性，雌雄同株，聚集成顶生、长 6 ~ 12 cm 的总状花序，雌花通常生于花序轴最下部或罕有在雌花下部亦有少数雄花着生，雄花生于花序轴上部或有时整个花序全为雄花；子房卵球形，平滑，3 室，花柱 3，基部合生，柱头外卷。蒴果梨状球形，成熟时黑色，径 1.0 ~ 1.5 cm；具 3 种子，种子扁球形，黑色，长约 8 mm，宽 6 ~ 7 mm，外被白色、蜡质的假种皮。

【物候期】花期 4 ~ 8 月。

【分布】生于山坡或山顶疏林中；山东省主要分布在青岛崂山、笔架山等地。

【价值】木材白色，坚硬，纹理细致，用途广。叶为黑色染料。根皮治毒蛇咬伤。白色之蜡质层（假种皮）溶解后可制肥皂、蜡烛；种子油适于涂料，可涂油纸、油伞等。

【致危因子与保护理由】人为干扰导致生境破坏，在山东省境内种群小。

白木乌桕

Neoshirakia japonica (Siebold & Zuccarini) Esser

大戟科 | 乌桕属

【特征】 灌木或乔木。叶互生，纸质，叶卵形、卵状长方形或椭圆形，长 7 ~ 16 cm，宽 4 ~ 8 cm，顶端短尖或凸尖，基部钝、截平或有时呈微心形；中脉在背面显著凸起，侧脉 8 ~ 10 对；叶柄长 1.5 ~ 3.0 cm；托叶膜质，线状披针形，长约 1 cm。花单性，雌雄同株常同序，聚集成顶生，长 4.5 ~ 11.0 cm 的纤细总状花序，雌花数朵生于花序轴基部，雄花数朵生于花序轴上部，有时整个花序全为雄花；花梗丝状，长 1 ~ 2 mm；苞片在花序下部的比花序上部的略长，卵形至卵状披针形；花萼杯状，3 裂，裂片有不规则的小齿；雄蕊 3 枚，稀 2 枚，常伸出于花萼之外，花药球形，略短于花丝。蒴果三棱状球形，种子扁球形，直径 6 ~ 9 mm，无蜡质的假种皮，有雅致的棕褐色斑纹。

【物候期】 花期 5 ~ 6 月。

【分布】 生于林中湿润处或溪涧边。山东崂山等地有分布。

【价值】 根皮可入药。

【致危因子与保护理由】 人类活动干扰，生境破坏。

算盘子

Glochidion puberum (L.) Hutch.

叶下珠科 | 算盘子属

【特征】灌木；全株大部密被柔毛。叶长圆形、长卵形或倒卵状长圆形，长 3 ~ 8 cm，基部楔形，上面灰绿色，中脉被疏柔毛，下面粉绿色，侧脉 5 ~ 7 对，网脉明显；叶柄长 1 ~ 3 mm，托叶三角形。花雌雄同株或异株，2 ~ 5 朵簇生叶腋，雄花束常生于小枝下部，雌花束在上部，有时雌花和雄花同生于叶腋；雄花花梗长 0.4 ~ 1.5 cm；萼片 6，窄长圆形或长圆状倒卵形，长 2.5 ~ 3.5 mm；雄蕊 3，合生成圆柱状；雌花花梗长约 1 mm；花柱合生呈环状。蒴果扁球状，熟时带红色，花柱宿存。

【物候期】花期 4-8 月，果期 7-11 月；

【分布】生于山坡、溪旁灌木丛中或林缘；山东省主要分布在日照岚山、临沂莒南等地。

【价值】种子含油，根、茎、叶和果实均可药用，也可作农药，全株可提制栲胶，叶可作绿肥。

【致危因子与保护理由】人为干扰导致生境破坏，在山东省境内种群小。

■ 侯元同 摄

甘肃大戟

Euphorbia kansuensis Prokh.

大戟科 | 大戟属

【特征】多年生草本；全株无毛；根圆柱形，径 3 ~ 7 cm；茎高 60 cm。叶互生，长圆形、线形、线状披针形或倒披针形，长 6 ~ 9 cm，基部楔形；无柄。雄花多枚，伸出总苞；雌花 1，子房伸出总苞；花柱中下部合生。蒴果三角状球形，长 5.0 ~ 5.8 mm，具微皱纹，无毛；花柱宿存。种子三棱状卵圆形，长约 4 mm；光滑，腹面具条纹；种阜具柄。

【物候期】花果期 4 ~ 6 月。

【分布】生于山坡、草丛、沟谷、灌丛或林缘等。山东潍坊青州、临沂平邑和沂水、淄博、济南历城有分布。

【价值】肉质根入药。

【致危因子与保护理由】面临一定的采挖压力。

鸡爪槭

Acer palmatum Thunb.

槭树科 | 槭属

【特征】落叶小乔木；树皮深灰色；小枝紫或淡紫绿色，老枝淡灰紫色。叶近圆形，基部心形或近心形，掌状 (5)7(9) 深裂，密生尖锯齿。萼片卵状披针形；花瓣椭圆形或倒卵形；雄蕊较花瓣短，生于花盘内侧；子房无毛。幼果紫红色，熟后褐黄色，果核球形，脉纹显著，两翅成钝角。

【物候期】花期 5 月，果期 9 月。

【分布】山东各地公园有栽培。

【价值】枝、叶可药用；可作行道和观赏树栽植。

【致危因子与保护理由】野外生境丧失。

葛萝槭

Acer davidii subsp. *grosseri* (Pax) P. C. de Jong

无患子科 | 槭属

【特征】落叶乔木。叶纸质，卵形，边缘具密而尖锐的重锯齿，基部近于心脏形，5 裂。花淡黄绿色，单性，雌雄异株，常成细瘦下垂的总状花序；萼片 5，花瓣 5，雄蕊 8，子房紫色。翅果嫩时淡紫色，成熟后黄褐色；小坚果长 7 mm，宽 4 mm，略微扁平；翅张开成钝角或近于水平。

【物候期】花期 4 月，果期 9 月。

【分布】生于海拔 1000 ~ 1600 m 的疏林中。鲁中山区有分布。

【价值】树皮奇特，具有很高观赏价值。

【致危因子与保护理由】中国特有，散布于鲁中山区，种群小而分散，稀有。

多花泡花树

Meliosma myriantha Sieb. et Zucc.

清风藤科 | 泡花树属

【特征】落叶乔木，株高 20 m；树皮小块状脱落；幼枝及叶柄被褐色平伏柔毛。单叶，倒卵状椭圆形或长圆形，长 8 ~ 30 cm，先端渐锐尖，基部钝圆，基部至顶端有刺状锯齿，下面被疏长柔毛，侧脉 10 ~ 30 对，脉腋有髯毛。圆锥花序顶生，直立，被柔毛。核果倒卵形或球形，径 4 ~ 5 mm；核中肋稍钝隆起，两侧具细网纹，熟时近红色。

【物候期】在山东花期 6 月，果期 9 ~ 10 月。

【分布】产于山东青岛（崂山太清宫、巨峰景区）、海阳（招虎山）、烟台（昆嵛山）、荣成（铁槎山、伟德山）。生于湿润的低海拔山地落叶阔叶林中。

【价值】树形高大，可用于绿化和造林。

【致危因子与保护理由】栖息地易被破坏。本种为典型亚热带植物，山东种群在分布区北缘，生物地理学价值较大。已知种群少而零散，生境常在低山沟谷，较易受到人为干扰。

红柴枝

Meliosma oldhamii Maxim.

清风藤科 | 泡花树属

【特征】落叶乔木，高达 20 m；腋芽球形或扁球形，密被淡褐色柔毛。奇数羽状复叶互生，小叶 7 ~ 15，连柄长 15 ~ 30 cm；叶总轴、小叶柄及叶两面均被褐色柔毛，小叶薄纸质，先端急尖或锐渐尖，中脉伸出为尖头，基部圆、阔楔形或狭楔形，边缘具疏离的锐尖锯齿；侧脉每边 7 ~ 8 条，弯拱至近叶缘开叉网结，脉腋有髯毛。圆锥花序顶生，直立，3 回分枝；花白色，花梗长 1.0 ~ 1.5 mm；萼片 5，椭圆状卵形，长约 1 mm；发育雄蕊长约 1.5 mm，子房被黄色柔毛、花柱约与子房等长。核果球形，直径 4 ~ 5 mm，熟时红色。核具明显凸起网纹，中肋明显隆起，从腹孔一边延至另一边，腹部稍突出。

【物候期】花期 5 ~ 6 月，果期 8 ~ 10 月。

【分布】产于山东崂山、昆嵛山、铁槎山、伟德山等地。生于小气候较温和的山谷林中。

【致危因子与保护理由】目前已知山东省内分布点很少，稀有。

野葵

Malva verticillata L.

锦葵科 | 锦葵属

【特征】二年生草本，高达 1 m；茎被星状长柔毛。叶圆肾形或圆形，径 5 ~ 11 cm，通常掌状 5 ~ 7 裂，裂片三角形，具钝尖头，具钝齿，两面疏被糙伏毛或近无毛；叶柄长 2 ~ 8 cm，上面槽内被茸毛，托叶卵状披针形。花 3 至多朵簇生叶腋；花梗近无或极短；小苞片 3，线状披针形，长 5 ~ 6 mm，被纤毛；花萼杯状，径 5 ~ 8 mm，裂片宽三角形，疏被星状毛；花冠白或淡红色，长稍超过萼片；花瓣 5，长 6 ~ 8 mm，先端微凹，爪无毛或具少数细毛。分果扁球形，径 5 ~ 7 mm；分果 10 ~ 11，背面无毛，两侧具网纹。种子肾形，长约 1.5 mm，无毛，紫褐色。

【物候期】花期 3 ~ 11 月。

【分布】产于全国各省区，均有野生。山东省内主要分布于泰山。

【价值】种子、根和叶作中草药，嫩苗可供蔬食。

【致危因子与保护理由】山东省内野生种群极少见，多为栽培。

狗枣猕猴桃

Actinidia kolomikta (Maxim. et Rupr.) Maxim.

猕猴桃科 | 猕猴桃属

【特征】大型落叶藤本。小枝紫褐色，皮孔较显著；小枝髓心褐色，片层状。叶互生，薄纸质，阔卵形至长方倒卵形，顶端急尖至短渐尖，基部心形至截形，两侧不对称，边缘具锯齿。聚伞花序，雄花序花 3 朵，雌花常单生；花白色或粉红色，芳香；花瓣 5，长方倒卵形。果多长圆状卵個形，长 2.0 ~ 2.5 cm，无毛，无斑点，成熟时淡橙色，具深色纵纹，无宿萼。

【物候期】花期 5 ~ 7 月，果期 9 ~ 10 月。

【分布】据记载产于山东徂徕山、牙山、昆嵛山。

【价值】果味香甜，营养价值高，可生食及酿酒；根、叶、花、果入药；耐寒，可用于育种；优良的观赏藤本和蜜源植物。

【致危因子与保护理由】见 28 页软枣猕猴桃。

葛枣猕猴桃

Actinidia polygama (Sieb. et Zucc.) Maxim.

猕猴桃科 | 猕猴桃属

【特征】落叶木质大藤本；小枝近无毛，髓实心，白色。叶互生，质薄，卵形或卵状椭圆形，长 7 ~ 14 cm，先端渐尖，基部圆或宽楔形，具细锯齿；有时从叶前部起白化；叶柄近无毛或疏被刚毛，长 1.5 ~ 4.5 cm。花一般单性，雄聚伞花序具 1 ~ 3 花，花序梗密被褐色绢毛，花梗微被柔毛，中部具节；雌花单生，苞片小，长约 1 mm；花白色，径 2.0 ~ 2.5 cm；萼片 (4)5，卵形或椭圆形，长 5 ~ 7 mm，被毛或近无毛；花瓣 5，倒卵形或长圆状卵圆形。果卵球形或柱状卵球形，长 2.5 ~ 3.0 cm，无毛，无斑点，具短喙，熟时橘色，具宿萼。

【物候期】花期 6 月 ~ 7 月，果期 9 ~ 10 月。

【分布】产于山东泰山、徂徕山、沂山、崂山、牙山、昆嵛山、伟德山等地。生于山林、灌丛中，常攀爬覆盖在树冠间。

【价值】果甜美多汁，可生食和制加工品；带虫瘿的果可入药；果实提取物可制药。

【致危因子与保护理由】有采摘压力；分布零散，异花传粉和基因交流困难。

山 茶

Camellia japonica L.

山茶科 | 山茶属

【特征】常绿大灌木至乔木，高 2 ~ 3（~6）m。叶互生，革质、光滑，宽披针形至椭圆形，长 5 ~ 10 cm，先端钝尖或骤短尖，基部宽楔形，侧脉 7 ~ 8 对，具钝齿。单花顶生、腋生，无梗，径 2 ~ 6 cm，花后整个脱落；苞片及萼片 10，被绢毛；花瓣 5 ~ 11，深红至粉色，外层近圆形、被毛，内层倒卵形，基部连合，无毛；雄蕊 3 轮，外轮花丝筒长 1.5 cm；子房无毛，花柱顶端 3 裂。蒴果球形，径 3 ~ 5 cm，熟时泛红色，3 裂，果爿木质，厚 6 ~ 8 mm，每室 1 ~ 2 种子。种子光滑。

【物候期】花期有明显个体差异：长门岩野生者 1 ~ 6 月，4 月较集中；非杂交栽培者 10 月至翌年 5（~6）月初，4 月较集中。9 ~ 10 月果熟。

【分布】山东野生种群仅产于青岛长门岩、大管岛，共约 500 株，据称崂顶另有 2 株。生于海边山坡酸性土（偶在石缝）上，喜半阴，常和大叶胡颓子伴生。山东全省有栽培，青岛尤多。

【价值】叶碧花红，是传统名花，品种和杂交品系繁多；有文化价值，崂山太清宫古树“绛雪”为《聊斋志异》著名故事主角；花可入药；种子可榨工业用油。

【致危因子与保护理由】种群互相隔离、扩散困难，历史上遭受人类大肆破坏。习性独特，为亚热带海岛孑遗成分；“耐冬”作为青岛市花，在青岛有重要经济价值和文化意义。

赶山鞭

Hypericum attenuatum Choisy

金丝桃科 | 金丝桃属

【特征】 多年生草本；茎疏被黑色腺点。叶卵状长圆形、卵状披针形或长圆状倒卵形，长 (0.8 ~)1.5 ~ 2.5(~ 3.8) cm，先端钝或渐尖，基部渐窄或微心形，微抱茎，无柄，侧脉 2 对。近伞房状或圆锥状花序顶生，萼片卵状披针形，散生黑色腺点，花瓣宿存，淡黄色，长圆状倒卵形，疏被黑腺点；雄蕊 3 束，每束具雄蕊约 30 枚，花柱 3，基部离生。蒴果卵球形或长圆状卵球形，具条状腺斑。

【物候期】 花期 7 ~ 8 月，果期 8 ~ 9 月。

【分布】 生于田野、半湿草地、草原、山坡草地、石砾地、草丛、林内及林缘等处，海拔在 1100 m 以下。山东鲁中南及胶东山区有分布。

【价值】 民间用全草代茶叶用，全草又可入药。

【致危因子与保护理由】 人为干扰，生境破坏。

黄海棠

Hypericum ascyron L.

金丝桃科 | 金丝桃属

【特征】多年生草本。叶披针形、长圆状披针形、长圆状卵形或椭圆形，长 (2 ~)4 ~ 10 cm，基部楔形或心形，抱茎，无柄，下面疏被淡色腺点。花序近伞房状或窄圆锥状，具 1 ~ 35 花，顶生。蒴果卵球形或卵球状三角形，长 0.9 ~ 2.2 cm，深褐色。

【物候期】花期 7 ~ 8 月，果期 8 ~ 9 月。

【分布】除新疆及青海外，全国各地均产。生于山坡林下、林缘、灌丛间、草丛或草甸中、溪旁及河岸湿地等处，海拔 0 ~ 2800 m。山东沂山、崂山、昆嵛山有分布。

【价值】全草药用，也是栲胶原料；民间用叶作代茶饮；可供观赏。

【致危因子与保护理由】有采挖压力，人为干扰较严重。

辽宁堇菜

Viola rossii Hemsl. ex Forbes et Hemsl.

堇菜科 | 堇菜属

【特征】多年生草本，无地上茎；根状茎垂直或斜生，深褐色，节间短，密生褐色细根。叶基生；叶宽卵形或近肾形，长 2 ~ 6 cm，宽 2 ~ 5 cm，先端渐尖，基部浅心形，耳部常内卷，具细锯齿，上面绿色，疏生白色柔毛，下面淡绿色，密被白色柔毛，老叶毛渐少；叶柄具窄翅，花后长达 14 cm，托叶离生，披针形或窄卵形，全缘或疏生细齿。花较大，淡紫色；花梗与叶近等长，无毛，中部稍上有 2 对生小苞片；萼片卵形或长圆状卵形，长约 7 mm；花瓣倒卵形，侧瓣内面基部有少量须毛，下瓣匙形，连囊状距长 1.8 ~ 2.0 cm；柱头顶部两侧具稍肥厚的缘边，中央略平，前方具短喙。蒴果较大，无毛。

【物候期】花期 4 ~ 7 月，果期 6 ~ 8 月。

【分布】生于山地腐殖质较厚的针阔混交林或阔叶林林下或林缘、灌丛、山坡草地。山东昆嵛山、崂山有分布。

【致危因子与保护理由】分布边缘，山东省境内种群小且分散，稀有。

河朔荛花

Wikstroemia chamaedaphne Meisn.

瑞香科 | 荛花属

【特征】 灌木，高达 1.2 m；分枝密，纤细，幼枝淡绿色，近四棱形，无毛，老枝深褐色。叶近革质，对生，披针形或长圆状披针形，长 2.0 ~ 5.5 cm，宽 3 ~ 8 mm，先端尖，基部楔形，两面无毛，侧脉 7 ~ 8 对，不明显；叶柄极短。穗状花序或圆锥花序具多花，顶生或腋生；花序梗长 0.8 ~ 1.8 cm，被灰色柔毛；萼筒黄色，长 0.6 ~ 1.0 cm，外面被丝状柔毛，裂片 4，2 大 2 小，卵形，先端钝圆；雄蕊 8，2 轮，生于萼筒中部以上，几无花丝；花盘鳞片 1，长圆形或线形，长约 1 mm；子房棒状，具柄，上部被淡黄色柔毛，花柱短，柱头球形，顶端稍扁，具乳突。果卵形，长约 5 mm。

【物候期】 花期 6 ~ 8 月，果期 9 月。

【分布】 生于海拔 500 ~ 1900 m 的山坡及路旁。山东济南平阴、泰安肥城、济宁梁山有分布。

【价值】 纤维可造纸、人造棉，茎叶可作土农药毒杀害虫。

【致危因子与保护理由】 山东分布边缘，栖息地易被破坏。

大叶胡颓子

Elaeagnus macrophylla Thunb.

胡颓子科 | 胡颓子属

【特征】常绿直立灌木，高达 3 m；无刺；小枝成 45° 角开展，幼枝密被淡黄白色鳞片，老枝黑色。叶厚纸质或薄革质，宽卵形、宽椭圆形或近圆形，长 4 ~ 9 cm，先端钝，基部圆或几心形，上面幼时被银白色鳞片，下面被银白色鳞片，侧脉 6 ~ 8 对，成 60° ~ 80° 角；叶柄扁，银白色，长 1.5 ~ 2.5 cm。花白色，被鳞片，1 ~ 8 花生于叶腋短枝；花梗长 3 ~ 4 cm。果长椭圆形，被银白色鳞片，长 1.4 ~ 1.8 cm，径 5 ~ 6 mm，核具 8 肋，内面具丝毛；果柄长 6 ~ 7 mm。

【物候期】花期 9 ~ 10 月（至翌年 1 月），果期翌年 3 ~ 5 月。

【分布和生境】产于鲁东黄海沿海（含部分岛屿），向北可达刘公岛。生于海滨花岗岩山坡、石缝，偶见于离海较远的山坡上。

【价值】冬季常绿，花芳香，用于绿化观赏；果可食；根、叶可药用。

【致危因子与保护理由】生境破坏，种群破碎化。本种为海滨植物，山东种群处于分布区西北缘，有较高生物地理学价值。由于人为干扰，现在本种在青岛一些近海岛屿上已消失。

瓜木

Alangium platanifolium (Sieb. et Zucc.) Harms

山茱萸科 | 八角枫属

【特征】落叶灌木或小乔木，高 5 ~ 7 m；小枝微呈“之”字形。叶近圆形或宽卵形，长 11 ~ 13(~ 18) cm，3 ~ 5(~ 7) 裂，常裂至叶片 1/3 ~ 1/4 处，稀不裂，裂片先端钝尖，基部心形或近圆，基出脉掌状 3 ~ 5 条，羽状侧脉 3 ~ 5 对，边缘波状，稀具 1 ~ 2 三角状小裂片；叶柄长 3.5 ~ 5.0(~ 10.0) cm，具疏短柔毛或无毛。聚伞花序腋生，长 3.0 ~ 3.5 cm，具 3 ~ 5 花；花序梗与花梗近等长，或稍短于花梗；小苞片 1 枚，线形，早落；花萼近钟形，外侧被稀疏短柔毛，萼齿 5，三角形；花瓣线形，6 ~ 7，长 2.5 ~ 3.5 cm，宽 1 ~ 2 mm，紫红色，外侧被短柔毛，近基部较密。核果长椭圆形或长卵圆形，长 0.8 ~ 1.2 cm，顶端宿存萼齿及花盘。

【物候期】花期 3 ~ 7 月，果期 7 ~ 9 月。

【分布】生于海拔 2000 m 以下土质比较疏松而肥沃的向阳山坡或疏林中。山东崂山、昆嵛山、济南小楼峪有分布。

【价值】树皮含鞣质，纤维可作人造棉；根叶药用，又可以作农药。

【致危因子与保护理由】山东已知分布点少，稀有。

蜂斗菜

Petasites japonicus (Sieb. et Zucc.) Maxim.

菊科 | 蜂斗菜属

【特征】多年生草本。基生叶质薄，圆形或肾状圆形，长、宽 15 ~ 30 cm，不裂，有细齿，基部深心形，上面幼时被卷柔毛，下面初被蛛丝状毛，具长柄。头状花序多数，密集成密伞房状，小花同形；总苞筒状，长 6 mm，基部有披针形苞片；总苞片 2 层，近等长，窄长圆形，无毛；全部小花管状，两性，不结实，花冠白色，长 7.0 ~ 7.5 mm，有宽长圆形附片；雌性花葶有密苞片，花后高达 70 cm；花序密伞房状，花后成总状；头状花序具异形小花，雌花多数，花冠丝状，花柱伸出花冠，子房无毛。瘦果圆柱形，无毛；冠毛白色，细糙毛状。

【物候期】花期 4 ~ 5 月，果期 6 月。

【分布】常生于溪流边、草地或灌丛中，常有栽培。山东徂徕山、崂山、胶南、荣成有分布。

【价值】根状茎供药用。在日本广泛栽培作为蔬菜。

【致危因子与保护理由】山东已知分布点少，稀有。

高山露珠草

Circaea alpina L.

柳叶菜科 | 露珠草属

【特征】植株高达 30 cm；茎多少肉质，无毛；根状茎顶端具块茎。叶半透明，卵形或宽卵形，稀圆形，长 1.5 ~ 6.0 cm，基部心形或近心形，稀平截或圆，先端短渐尖或急尖，具牙齿；叶柄长 0.5 ~ 3.0 cm。顶生总状花序长 10 ~ 15 cm，无毛或密被短腺毛；花梗无毛，呈上升状或直立；花集生于花序轴顶端；萼片长圆状椭圆形或卵形，先端钝圆或微呈乳突状；花瓣白色，倒三角形或倒卵形，长 0.5 ~ 2.0 mm，先端凹缺为花瓣长度的 1/4 至一半，裂片圆形；雄蕊与花柱等长；蜜腺藏于花筒内；子房被毛。果棒状，长 1.6 ~ 2.5 mm，基部平滑渐窄向果柄，1 室，具 1 种子，无纵沟，钩状毛不具色素。

【物候期】花期 6 ~ 8(9) 月，果期 7 ~ 9 月。

【分布】山东泰山、崂山有分布。

【价值】可作药用。

【致危因子与保护理由】生于阴湿地段及覆盖着苔藓的岩石上或木头上，但山东省内标本、公民科学数据已知分布点极少，稀有。

刺楸

Kalopanax septemlobus (Thunb.) Koidz.

五加科 | 刺楸属

【特征】落叶乔木，高达 30 m，胸径 1 m；树皮灰黑色，纵裂，树干及枝上具鼓钉状扁刺；幼枝被白粉。单叶，在长枝上互生，在短枝上簇生，近圆形，径 9 ~ 25 cm，(3)5 ~ 7 掌状浅裂，裂片宽，角状卵形或长圆状卵形，先端渐尖，基部心形或圆形，具细齿，掌状脉 5 ~ 7；叶柄细，长 8 ~ 30(~ 50) cm，无托叶。花梗长约 5 mm，疏被柔毛，无关节；花白或淡黄色；萼筒具 5 齿；花瓣 5，镊合状排列；雄蕊 5，花丝较花瓣长约 2 倍；子房 2 室，花柱 2，连成柱状，顶端离生。果近球形，径约 4 mm，蓝黑色，宿存花柱顶端 2 裂。种子扁平，胚乳均匀。

【物候期】花期 7 ~ 10 月，果期 9 ~ 12 月。

【分布】多生于阳性森林、灌木林中和林缘。除野生外，也有栽培。山东全省各山区有分布。

【价值】木材纹理美观，供建筑、家具、乐器等用材；根皮为民间草药；嫩叶可食；树皮及叶含鞣酸，可提制栲胶；种子可榨油。

【致危因子与保护理由】栖息地退化。

辽东楤木

Aralia elata var. *glabrescens* (Franchet & Savatier) Pojarkova

五加科 | 楤木属

【特征】灌木或小乔木；树皮灰色；小枝灰棕色，疏生多数细刺，基部膨大。叶为二回或三回羽状复叶；叶柄无毛；托叶和叶柄基部合生，先端离生部分线形，边缘有纤毛；叶轴和羽片轴基部通常有短刺；小叶片薄纸质或膜质，阔卵形、卵形至椭圆状卵形，上面绿色，下面灰绿色，侧脉 6～8 对，两面明显，网脉不明显。圆锥花序，伞房状；苞片和小苞片披针形，膜质，边缘有纤毛；花黄白色；萼无毛，边缘有 5 个卵状三角形小齿；花瓣 5，卵状三角形，开花时反曲；子房 5 室；花柱 5，离生或基部合生。果实球形，黑色，有 5 棱。

【物候期】花期 6～8 月，果期 9～10 月。

【分布】山东崂山、昆嵛山、泰山有分布。喜冷凉、湿润的气候，多生长在阴坡，一般分布在林下、林缘、林间空地等。

【价值】根皮可药用。春季采摘的嫩芽是名贵的山野菜。

【致危因子与保护理由】直接采挖或砍伐。

毒芹

Cicuta virosa L.

伞形科 | 毒芹属

【特征】高达 1 m；茎单生，中空，有分枝。基生叶柄长 15 ~ 30 cm，叶鞘膜质，抱茎；叶三角形或三角状披针形，长 12 ~ 20 cm，二至三回羽裂；小裂片窄披针形，长 1.5 ~ 6.0 cm，有锯齿或缺刻。复伞形花序，无总苞片或 1 ~ 2 片；伞辐 6 ~ 25；小总苞片线状披针形；伞形花序有花 15 ~ 35；萼齿卵状三角形；花瓣倒卵形或近圆形。果卵圆形，合生面缢缩。

【物候期】花果期 7 ~ 8 月。

【分布】生于海拔 400 ~ 2900 m 的杂木林下、湿地或水沟边。山东泰安等地有分布。

【价值】本植物含有毒物质毒芹素和毒芹碱，牲畜误食会中毒。

【致危因子与保护理由】山东省内分布零散，种群衰退；栖息地易被破坏。

条叶岩风

Libanotis lancifolia K. T. Fu.

伞形科 | 岩风属

【特征】多年生草本，略呈小灌木状，高 40 ~ 90 cm；根茎粗壮，木质化，上端有多数呈鳞片状覆盖的枯萎叶鞘；根圆柱形，末端渐细，不分叉或有 1 ~ 2 支根，表皮灰褐色；茎通常单一，多二歧式曲折状分枝，圆柱形，有细密条纹，基部径 4 ~ 8 mm，常带淡紫红色，髓部充实，木质化。基生叶多数，叶柄长 2 ~ 12 cm，基部有叶鞘，边缘膜质；序托叶不分裂，线状披针形，基部有膜质边缘的叶鞘，外面有短刚毛。复伞形花序多分枝，花序梗有稀疏短毛；伞形花序直径 2 ~ 4 cm，无总苞片；小伞形花序有花 5 ~ 10；小总苞片 5 ~ 7，线状披针形，比花柄短，外面密生细柔毛；花柄长 1 ~ 3 mm，有毛；花瓣宽卵形，小舌片内曲，白色微带紫红色，外侧多毛；萼齿显著，长约 0.5 mm。

【物候期】花期 9 ~ 10 月，果期 10 ~ 11 月。

【分布】生于海拔 400 ~ 1100 m 的向阳草坡、灌木丛中以及山谷岩石陡坡上。山东枣庄、济南等地有分布。

【致危因子与保护理由】石灰岩植物，稀有。

骨缘当归

Angelica cartilaginomarginata var. *foliosa* Yuan et Shan

伞形科 | 当归属

【特征】本变种与原变种形态相似，但植株粗壮，叶较茂密。茎高 1.0 ~ 1.5 m，粗达 1.5 cm。叶为三出式二回羽状分裂（有时下部叶非兰出式），二回羽片有裂片 5 ~ 7，末回裂片长圆形，长 5.0 ~ 6.5 cm，宽 2 ~ 3 cm，边缘多 2 ~ 3 深裂。

【分布】生长于山坡、林下草丛中。山东省昆嵛山、韦德山有分布。

【致危因子与保护理由】山东省内分布点极少，稀有。

泰山前胡

Peucedanum wawrae (Wolff) Su

伞形科 | 前胡属

【特征】 植株高达 1 m，有特殊气味；茎无毛，上部叉式展开。基生叶柄长 2 ~ 8 cm，叶鞘边缘白色膜质，抱茎；叶三角状宽卵形，长 4 ~ 22 cm，宽 5 ~ 23 cm，二至三回三出复叶，小裂片楔状倒卵形，长 1.2 ~ 3.5 cm，3 深裂，浅裂或不裂，尖锯齿有不尖头，下面粉绿色，两面无毛。复伞形花序分枝多，花序梗及伞辐均有茸毛，花序径 1 ~ 4 cm；伞辐 6 ~ 8，长 0.5 ~ 2.0 cm，总苞片 1 ~ 3，有时无；伞形花序有 10 余花，小总苞片 4 ~ 6，线形，较花梗长；萼齿钻形；花柱细长外曲；花瓣白色。果卵圆形或长圆形，背腹扁，长约 3 mm，径约 1.2 mm，有茸毛；棱槽油管 2 ~ 3，合生面油管 2 ~ 4。

【物候期】 据记载花期 8 ~ 11 月，果期 9 ~ 11 月。

【分布】 产于山东泰山、新泰、蒙山、邹城、平邑、五莲山、磴山、崂山、海阳、昆嵛山等地；生于山坡草丛、林缘路旁，喜阳处和半阳处。

【价值】 根在一些地方代白花前胡作中药“前胡”。

【致危因子与保护理由】 有一定采挖压力，种群小而分散，稀有。

滨海前胡

Peucedanum japonicum Thunb.

伞形科 | 前胡属

【特征】植株高约 1 m；茎粗壮，曲折，中空管状，无毛；基生叶柄长 4 ~ 5 cm，叶鞘宽抱茎，边缘耳状膜质；叶宽卵状，角形，一至二回羽裂，羽片宽卵状近圆形，两面无毛，粉绿色，网脉细致明显。伞形花序梗粗，总苞片 2 ~ 3，早落，有时无，披针形，有柔毛；中央伞形花序径约 10 cm；伞辐 15 ~ 30，长 1 ~ 5 cm；伞形花序有 20 余花，小总苞片 8 ~ 10，卵状披针形，与花梗近等长；萼齿不明显；花瓣紫色，稀白色，倒卵形，有小硬毛。果长圆状倒卵形，长 4 ~ 6 mm，径 2.5 ~ 4.0 mm，有硬毛，背棱线形，钝而突起，侧棱厚翅状；每棱槽油管 3 ~ 5，合生面油管 6 ~ 10。

【物候期】盛花期夏季，果期 8 ~ 9 月，但分布区南部几乎全年开花结果。

【分布和生境】产于山东青岛沿海岛屿（灵山岛、大公岛、长门岩），山东黄海其他岛屿可能也有。生于滨海滩地或近海山地、石缝。

【价值】可药用。花叶错落有致，有引种用于海滨绿化的价值。

【致危因子与保护理由】栖息地破坏。本种为海滨植物，山东种群在分布区西北边缘，有较高的生物地理学价值。

杜 鹃

Rhododendron simsii Planch.

杜鹃花科 | 杜鹃花属

【特征】落叶灌木，高达 2 m；枝被亮棕色扁平糙伏毛。叶卵形、椭圆形或卵状椭圆形，具细齿。花 2 ~ 6 簇生枝顶，花萼 5 深裂，花冠漏斗状，玫瑰、鲜红或深红色，5 裂，裂片上部有深色斑点；雄蕊 10，与花冠等长，子房 10 室。蒴果卵圆形，有宿萼。

【物候期】花期 4 ~ 5 月，果期 6 ~ 8 月。

【分布】生于海拔 500 ~ 1200(~ 2500)m 的山地疏灌丛或松林下。山东各地公园有栽植，日照五莲等地有野生种分布。

【价值】全株供药用。花冠鲜红色，为著名的花卉植物，具有较高的观赏价值，目前在国内外各公园中均有栽培。

【致危因子与保护理由】人类活动导致野外生境的丧失，有一定采挖压力。

■ 郑文龙 摄

腺齿越橘

Vaccinium oldhamii Miquel

杜鹃花科 | 越橘属

【特征】落叶灌木，高达 3 m；幼枝密被柔毛，杂生腺毛。叶多数，卵形、椭圆形或长圆形，长 2.5 ~ 8.0 cm，宽 1.2 ~ 4.5 cm，纸质，先端锐尖，基部楔形或钝圆，边缘有细齿，齿端有具腺细刚毛，两面被柔毛和刚毛，有时下面杂生具腺刚毛；叶柄长 1 ~ 3 mm，被柔毛及腺毛。总状花序顶生，长 3 ~ 6 cm，苞片长 2.5 ~ 7.0 mm；花梗长 1.5 mm 或更短；花冠棕黄带淡红色，钟状，长 3 ~ 5 mm，外面无毛；雄蕊稍短于花冠，药室背部无距，药管长约为药室的 1/2。浆果假 10 室，熟时紫黑色。

【物候期】花期 5 ~ 6 月，果期 7 ~ 10 月。

【分布】国内产于山东（崂山、昆嵛山）。

【致危因子与保护理由】种群较小，在国内仅见于鲁东地区和江苏连云港，稀有。

滨海珍珠菜

Lysimachia mauritiana Lam.

报春花科 | 珍珠菜属

【特征】二年生草本，全株无毛；茎直立，高 10 ~ 50 cm。叶互生，叶柄长 0.5 ~ 2.5 cm，上部茎常无柄；叶匙形、倒卵形或倒卵状长圆形，长 6 ~ 12 cm，两面散生黑色粒状腺点。总状花序顶生，长 3 ~ 12 cm；苞片匙形，叶状；钝圆，周边膜质，背面有黑色腺点；花冠白色，长约 9 mm，筒部长约 2 mm，裂片舌状长圆形；雄蕊短于花冠，花丝贴生花冠裂片中下部，分离花梗与苞片近等长；花萼裂片宽披针形或椭圆形，长 4 ~ 7 mm，先端尖或部分长约 1.5 mm；花药长圆形，背着，纵裂。蒴果梨形，径约 5 mm。

【物候期】花期 5 ~ 6 月，果期 6 ~ 8 月。

【分布】生于海滨沙滩石缝中。

【价值】富含黄酮和皂普等化学成分，具有一定的科研价值。

【致危因子与保护理由】特殊生境（岩石海岸），生境受人为破坏严重。

烟台补血草

Limonium franchetii (Debx.) Kuntze

白花丹科 | 补血草属

【特征】 多年生草本，高达 60 cm；根皮不裂；茎基肥大，密被残存叶柄。叶基生，另外花序主轴下部具 1 ~ 6 叶，花期不落；叶柄宽，叶倒卵状长圆形或长圆状披针形，连叶柄长 3 ~ 15 cm，宽 1 ~ 3 cm，先端圆或钝，基部渐窄。花茎单生，花序轴粗；花序伞房状或圆锥状；不育枝少，生于花序轴下部及分叉处，穗状花序具 (3 ~)5 ~ 7 小穗，穗轴圆或微具棱角，小穗具 2 ~ 3 花，外苞长 3.5 ~ 4.5 mm；萼漏斗状，长 7 ~ 8 mm，萼筒径约 1.5 mm，萼檐淡紫红或白色，开张幅与萼长相等，裂片先端圆；花冠淡紫色或上部无色。果有 5 纵沟。

【物候期】 花期 5 ~ 7 月（也有报告 8 月初还在开花），果期 6 ~ 8 月。一些 7 月中旬后的标本也写花近粉色，可能把无真正花冠时的萼檐颜色错当花色，暂且存疑。

【分布】 产于山东胶东丘陵地区的海滨，邻近的内陆偶见，据记载山东沂山、莲花山也有。辽东半岛、江苏北部也有分布，目前为中国特有。生于海滨至近海地区的花岗岩山坡较干燥处、石缝或沙地上。

【价值】 耐旱耐盐碱，花可栽培观赏或制干花。

【致危因子与保护理由】 生境破坏，易受人为活动干扰。山东为主产区，有保护必要。

野柿

Diospyros kaki var. *silvestris* Makino

柿科 | 柿属

【特征】本变种是山野自生柿树。小枝及叶柄常密被黄褐色柔毛，叶较栽培柿树的叶小，叶片下面的毛较多，花较小，果亦较小，直径 2 ~ 5 cm。

【分布】生于山地自然林或次生林中，或在山坡灌丛中，垂直分布约达 1600 m。山东崂山有分布。

【价值】未成熟柿子用于提取柿漆；果脱涩后可食，亦有在树上自然脱涩的；木材用途同柿树；树皮亦含鞣质；实生苗可作栽培柿树的砧木。

【致危因子与保护理由】多为栽培物种，少见野生种群，稀有。

华山矾

Symplocos chinensis (Lour.) Druce

山矾科 | 山矾属

【特征】灌木。嫩叶、叶柄、叶下面均被灰黄色皱曲柔毛；叶纸质，椭圆形或倒卵形，长 4 ~ 7(10) cm，先端急尖或短尖，有时圆，基部楔形或圆，有细尖锯齿，上面有柔毛；上面中脉凹下，侧脉 4 ~ 7 对。圆锥花序长 4 ~ 7 cm，花序轴、苞片、萼外面均被灰黄色皱曲柔毛；苞片早落；花萼长 2 ~ 3 mm，裂片长圆形，长于萼筒；花冠白色，芳香，长约 4 mm，深裂几达基部；雄蕊 50 ~ 60，花丝基部合生成 5 体雄蕊；花盘具 5 凸起腺点；子房 2 室；核果卵状球形，歪斜，被紧贴柔毛，熟时蓝色，宿萼裂片内伏。

【物候期】花期 4 ~ 5 月，果期 8 月。

【分布】生于海拔 1000 m 以下的丘陵、山坡、杂林中。山东崂山等地有分布。

【价值】根、叶可药用；种子榨油可制肥皂。

【致危因子与保护理由】生境退化。

玉铃花

Styrax obassia Siebold & Zucc.

安息香科 | 安息香属

【特征】 乔木或灌木，高达 14 m，胸径达 15 cm；树皮灰褐色，平滑。叶纸质，生于小枝最上部的互生，宽椭圆形或近圆形，顶端急尖或渐尖，基部近圆形或宽楔形，边缘有粗锯齿，有时仅叶脉上疏被灰色星状柔毛，下面密被灰白色星状茸毛；叶柄长 1.0 ~ 1.5 cm，被黄棕色星状长柔毛，基部膨大成鞘状包围冬芽；叶柄基部不膨大。总状花序顶生或腋生，花白色（或粉红色）、芳香，下部的花常生于叶腋，有花 10 ~ 20 余朵，基部常 2 ~ 3 分枝，花序梗和花序轴近无毛；花萼杯状，外面密被灰黄色星状短茸毛，顶端有不规则 5 ~ 6 齿；萼齿三角形或披针形；花冠裂片膜质，椭圆形，外面密被白色星状短柔毛，花蕾时作覆瓦状排列；果实卵形或近卵形，具短尖头，密被黄褐色星状短茸毛。种子 1，长圆形，暗褐色，近平滑。

【物候期】 花期 5（~ 6）月，果熟期 9 ~ 10 月。

【分布】 已知产于山东蒙山、五莲山、九仙山、崂山、昆嵛山、正棋山。生于山坡林中。

【价值】 花可提取芳香油；植株耐热，可供平原地区观赏；种子可榨油。

【致危因子与保护理由】 繁殖较难，有一定采挖压力。本种非严格自交，但种子有低温休眠阶段，实地观察也发现自然更新较难。山东现有种群遗传多样性较高且有基因的代表性，保护价值极高。

野茉莉

Styrax japonicus Sieb. et Zucc.

安息香科 | 安息香属

【特征】 灌木或小乔木，高达 10 m，一般 3 ~ 5 m。叶互生，纸质或近革质，椭圆形或卵状椭圆形，先端尖或渐尖，常稍弯，基部楔形或宽楔形，近全缘或上部疏生锯齿。总状花序顶生，有 5 ~ 8 花，白（罕粉）色，花萼漏斗状，膜质，萼齿短，花冠裂片卵形、倒卵形或椭圆形，覆瓦状排列；花丝扁平。果卵形，顶端具短尖头，花萼宿存，熟时果皮常开裂。种子椭球形，褐色，有深皱纹。

【物候期】 花期 5 ~ 7 月（盛花期 5 月下旬至 6 月上旬），果熟期 9 ~ 11 月。

【分布】 产于山东蒙山、崂山、昆嵛山、伟德山等地。生于中、低海拔气候温和的山谷林间。

【价值】 优秀的观赏植物；种子油可作肥皂或机器润滑油，油粕可作肥料。

【致危因子与保护理由】 栖息地破坏。

尖帽草

Mitrasacme indica Wight

马钱科 | 尖帽草属

【特征】一年生草本，高达 15 cm；茎纤细，常分枝，具 4 棱或 4 窄翅，近无毛。叶卵形或卵状披针形，长 3 ~ 7 mm，宽 1.5 ~ 2.5 mm，先端尖，侧脉两面不明显；近无柄。花小，单生茎上部叶腋；花梗长 3 ~ 8 mm；花萼长达 2 mm，4 裂至中部；花冠钟状，长 3 ~ 5 mm，花冠筒喉部被髯毛，花冠裂片 4，长约 1.5 mm；雄蕊 4，内藏，花丝长约 1 mm，花药长 0.7 mm，顶端具小尖头；柱头倒圆锥状，2 裂。蒴果球形，径达 2 mm，宿存花柱顶端合生。种子卵圆形，被网纹。

【物候期】花期 2 ~ 6 月，果期 5 ~ 8 月。

【分布】山东泰山、徂徕山有分布。

【致危因子与保护理由】特殊生境（山间湿地）。

水田白

Mitrasacme pygmaea R. Br.

马钱科 | 尖帽草属

【特征】一年生草本，高达 20 cm；茎不分枝或基部分枝，被长硬毛，老渐无毛。叶卵形、长圆形或线状披针形，长 0.2 ~ 1.3 cm，宽 1 ~ 5 mm，基部宽楔形，上面近无毛，下面、边缘及叶脉被白色长硬毛，老时渐脱落，侧脉约 3 对，不明显。花单生侧枝顶端，或数朵组成稀疏顶生及腋生伞形花序；苞片长约 3 mm，具睫毛；花梗长 5 ~ 9 mm；花萼钟状，长 1.5 ~ 2.8 mm，裂片 4，与萼筒等长；花冠白或淡黄色，钟状，长 3 ~ 6 mm，花冠筒喉部疏被髯毛，裂片 4，长达 1.5 mm；雄蕊 4，内藏，花丝长 1.5 ~ 3.0 mm，花药顶端尖；花柱丝状，基部分离，三分之一以上合生，柱头 2 裂。蒴果近球形，径约 3 mm，花萼宿存，宿存花柱中部以上合生；果梗长约 1.5 cm。种子小，被小瘤。

【物候期】花期 6 ~ 7 月，果期 8 ~ 9 月。

【分布】山东昆嵛山有分布。

【价值】药用，全株可治咳嗽。

【致危因子与保护理由】特殊生境（山间湿地）。

笔龙胆

Gentiana zollingeri Fawcett

龙胆科 | 龙胆属

【特征】一年生矮小草本，高达 6 cm；茎直立，光滑，基部分枝。叶宽卵形或宽卵状匙形，长 1.0 ~ 1.3 cm，先端钝或圆，具小尖头，边缘软骨质；基生叶花期不枯萎，与茎生叶相似较小；茎生叶密集。花单生枝顶，花枝密集呈伞房状；花梗长 1.0 ~ 2.5 mm；花萼漏斗形，长 7 ~ 9 mm，裂片窄三角形或卵状椭圆形，长 3.5 ~ 4.5 mm，先端具短尖头，边缘膜质；花冠淡蓝色，具黄绿色宽条纹，漏斗形，长 1.4 ~ 1.8 cm，裂片卵形，长 2.5 ~ 3.0 mm，褶卵形或宽长圆形，长 1.0 ~ 1.5 mm，先端具不整齐细齿。蒴果倒卵状长圆形，长 6 ~ 7 mm，顶端具宽翅，两侧具窄翅。种子具细网纹。

【物候期】花果期 4 ~ 6 月。

【分布】生于草甸、灌丛中、林下，海拔 500 ~ 1650 m。

【致危因子与保护理由】面临一定的采挖压力。

金银莲花

Nymphoides indica (L.) O. Kuntze

睡菜科 | 荇菜属

【特征】多年生水生草本；茎圆柱形，单叶顶生。叶漂浮，近革质，宽卵圆形或近圆形，长 3 ~ 8 cm，全缘，下面密被腺体，基部心形，具不明显掌状脉。花多数；花梗长 3 ~ 5 cm；花萼长 3 ~ 6 mm，裂至近基部，裂片长椭圆形或披针形，先端钝；花冠白色，基部黄色，长 0.7 ~ 1.2 cm，径 6 ~ 8 mm，裂至近基部，冠筒短，具 5 束长柔毛，裂片卵状椭圆形，腹面密被流苏状长柔毛；花丝短，扁平，线形，长 1.5 ~ 1.7 mm；花柱圆柱形，长约 2.5 mm。蒴果椭圆形，长 3 ~ 5 mm，不裂。种子褐色，光滑。

【物候期】花果期 8 ~ 10 月。

【分布】海拔 50 ~ 1530 m。山东南四湖、东平湖有分布。

【致危因子与保护理由】山东省内已知分布点极少，稀有。

白薇

Vincetoxicum atratum (Bunge) Morren et Decne.

夹竹桃科 | 白前属

【特征】 多年生草本，高达 50 cm；茎密被毛。叶对生，卵形或卵状长圆形，长 5 ~ 8(~ 12) cm，先端骤尖或渐尖，基部圆或近心形，两面被白色茸毛，侧脉 6 ~ 7(10) 对；叶柄长约 5 mm。聚伞花序伞状，无花序梗，具 8 ~ 10 花；花梗长约 1.5 cm；花萼裂片披针形，长约 3 mm，被短柔毛，内面基部具 5 腺体；花冠深紫色，辐状，径 1.0 ~ 1.2(~ 2.2) cm，被短柔毛，内面无毛，裂片卵状三角形，长 4 ~ 7 mm，具缘毛；副花冠 5 深裂，裂片与合蕊冠等长；花药顶端附属物圆形，花粉块长圆状卵球形；柱头扁平。蓇葖果纺锤形或披针状圆柱形，长 5.5 ~ 11.0 cm，径 0.5 ~ 1.5 cm，顶端渐尖。种子淡褐色，种毛长 3.0 ~ 4.5 cm。

【物候期】 花期 4 ~ 8 月，果期 6 ~ 10 月。

【分布】 海拔 100 ~ 1800 m 的河边、干荒地及草丛中，山沟、林下草地常见。山东各山区有分布。

【致危因子与保护理由】 采挖压力大，生境人为干扰严重。

合掌消

Vincetoxicum amplexicaule Siebold et Zucc.

夹竹桃科 | 白前属

【特征】多年生草本，高达 1 m；茎无毛。叶对生，倒卵状椭圆形、卵形或卵状长圆形，长 4 ~ 6(~ 10) cm，先端骤尖，基部下延抱茎，无毛，侧脉 8 ~ 10 对。聚伞花序伞状，腋外生及顶生；花序梗长 0.5 ~ 6.0 cm；花梗长约 4 mm；花萼裂片卵形，长 1.0 ~ 1.5 mm，内面基部腺体小；花冠黄绿、黄褐或紫色，辐状，花冠筒长约 0.5 mm，裂片长圆形，长 2.5 ~ 3.5 mm，被微柔毛；副花冠 5 深裂，裂片扁平，与合蕊冠等长；花药菱形，花粉块长圆形；柱头稍隆起。蓇葖果披针状圆柱形，长 5 ~ 7(~ 8) cm，径 5 ~ 8(~ 11) mm。种子深褐色，长圆状卵形，种毛长约 2 cm，淡褐色。

【物候期】花期 5 ~ 9 月，果期 9 ~ 12 月。

【分布】生于山坡草地或田边、湿草地及沙滩草丛中。山东蓬莱、莱州、招远有分布。

【致危因子与保护理由】特殊生境（沙质海岸）。

刺旋花

Convolvulus tragacanthoides Turcz.

旋花科 | 旋花属

【特征】垫状亚灌木，高达 15 cm；分枝密集，节间短，具枝刺，被银色绢毛；叶窄线形，稀倒披针形，长 0.5 ~ 2.0 cm，密被银灰色绢毛；近无柄。花 2 ~ 6 生枝端，稀单花，无刺，花梗长 2 ~ 5 mm，密被绢毛；萼片长 5 ~ 8 mm，椭圆形或长圆状倒卵形，被褐黄色毛；花冠淡红色，漏斗状，长 1.5 ~ 2.5 cm，瓣中带密被短柔毛；雄蕊不等长，长约花冠 1/2；柱头线形。蒴果球形，顶部被柔毛。

【物候期】花期 5 ~ 7 月。

【分布】生于石缝中及戈壁滩上。山东淄博有分布。

【致危因子与保护理由】山东省内新记录，已知分布点少，稀有。

紫草

Lithospermum erythrorhizon Sieb. et Zucc.

紫草科 | 紫草属

【特征】多年生草本，高达 90 cm，根粗壮，富含紫色素；茎常 1 ~ 2 m，直立，被短糙伏毛，上部分枝。叶卵状披针形或宽披针形，长 2 ~ 8 cm，先端渐尖，基部渐窄，两面被毛，无柄。花序生于分枝上，长 2 ~ 6 cm；花萼裂片线形，长 4 ~ 9 mm，被短伏毛；花冠白色，长 7 ~ 9 mm，稍被毛，冠檐与冠筒近等长，裂片宽卵形，长 2 ~ 3 mm，开展，全缘或微波状，喉部附属物半球形，无毛；雄蕊生于花冠筒中部，花丝长约 0.4 mm，花药长 1.0 ~ 1.2 mm；花柱长 2.2 ~ 2.5 mm。小坚果卵球形，乳白色或带淡黄褐色，长约 3.5 mm，平滑，有光泽，腹面具纵沟。

【物候期】据记载花期 5 ~ 7 月，果期 7 ~ 9 月。

【分布】产于山东泰山、沂山、青州、临沂、小珠山、崂山、海阳、栖霞、烟台南山、昆嵛山等地。生于山坡草地。

【价值】根含紫草素，是著名中药“硬紫草”，也可提取色素用于食品、化妆品、日化品加工等。

【致危因子与保护理由】作为野生药用植物，采挖压力大。

单叶蔓荆

Vitex rotundifolia Linnaeus f.

马鞭草科 | 牡荆属

【特征】 在温带为落叶灌木，全株有香气；茎匍匐，节处常生不定根。单叶对生，叶片倒卵形或近圆形，顶端通常钝圆或有短尖头，基部楔形，全缘，长 2.5 ~ 5.0 cm，宽 1.5 ~ 3.0 cm，被柔毛。圆锥花序顶生；花萼钟状，果期增大，外被茸毛；花冠唇形，蓝紫色，上唇反折；雄蕊 4，伸出；子房密生腺点。果球形，熟时棕褐色。

【物候期】 在山东花期 6 ~ 10 月，果期 8 ~ 11 月。在热带可全年开花结果。

【分布】 产于山东全省沿海。一般生于海边沙滩上部、砾石滩和山坡，有时见于内陆河湖岸沙地。

【价值】 干燥成熟果实供药用；性强健，花鲜艳，可用于海滨绿化。

【致危因子与保护理由】 栖息地破坏，过度采摘。海岸线开发建设对海滨植物群落普遍造成威胁，数量急剧减少。

纤弱黄芩

Scutellaria dependens Maxim.

唇形科 | 黄芩属

【特征】一年生草本，高达 35 cm；茎无毛或棱上疏被柔毛。叶卵状三角形或三角形，长 0.5 ~ 2.4 cm，先端钝或圆，基部浅心形或平截心形，具 1 ~ 3 对不规则浅牙齿或近全缘，具短缘毛；叶柄长 0.8 ~ 4.0 mm，被微柔毛或近无毛。总状花序不分明，或花单生叶腋；小苞片针状，对生于花梗基部；花梗长 2 ~ 3 mm，被平伏微柔毛；花萼长 1.8 ~ 2.0 mm，脉纹稍凸，边缘及脉被柔毛，盾片高约 1 mm；花冠白色或下唇带淡紫色，长 5.0 ~ 6.5 mm，被微柔毛，冠筒微弯，下唇中裂片梯形，宽 2.0 ~ 2.5 mm，侧裂片三角状卵形。小坚果黄褐色，卵球形，长约 0.7 mm，被瘤点，腹面近基部具脐状突起。

【物候期】花果期 6 ~ 9 月。

【分布】生于溪畔或落叶松林中湿地上，海拔 250 m 以下。山东徂徕山、蒙山有分布。

【致危因子与保护理由】有一定采挖压力，种群小，稀有。

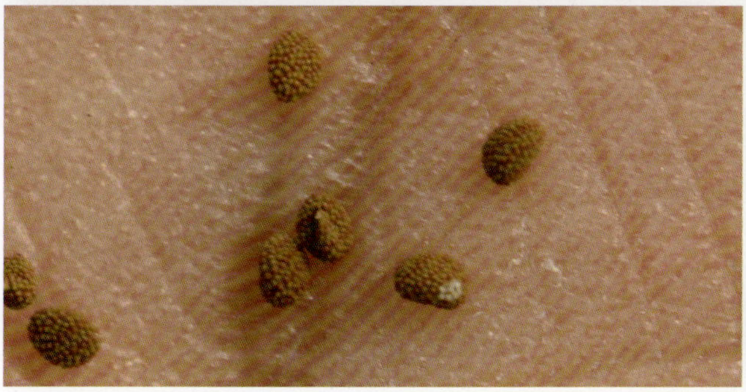

日本散血丹

Physaliastrum echinatum (Yatabe) Makino

茄科 | 散血丹属

【特征】植株高达 70 cm；茎疏被柔毛。叶卵形或宽卵形，长 4 ~ 8 cm，先端骤尖，基部偏斜楔形下延至叶柄，两面疏被短柔毛，全缘稍波状，具缘毛；叶柄窄翼状。花常 2 ~ 3 朵生于叶腋或枝腋，俯垂；花梗长 2 ~ 4 cm；花萼短钟状，疏被长柔毛及不规则三角形小鳞片，萼齿扁三角形，不等大；花冠钟形，径约 1 cm，5 浅裂，裂片具缘毛，冠筒内面中部具 5 对与雄蕊互生蜜腺，下面具 5 簇髯毛；雄蕊稍短于花冠筒。浆果球形，径约 1 cm，为宿萼包被，果顶端裸露。种子近盘形。

【物候期】花期 6 ~ 8 月，果期 7 ~ 9 月。

【分布】常生于山坡草丛中。据记载山东各大山区有分布。

【致危因子与保护理由】稀有，栖息地易被破坏。

青杞

Solanum septemlobum Bunge

茄科 | 茄属

【特征】草本或灌木状；茎具棱角，被白色弯卷短柔毛或腺毛，稀近无毛。叶卵形，长 3 ~ 9 cm，先端钝，基部楔形，(3、5)7(9) 裂，裂片卵状长圆形或披针形，全缘或具齿，两面疏被短柔毛，中脉、侧脉及边缘毛较密；被白色弯卷柔毛。花序圆锥状，顶生或腋外生，被微柔毛或近无毛；花梗长 0.5 ~ 1.0 cm，近无毛；花萼杯状，疏被柔毛，萼齿三角形；花冠青紫色，5 深裂，裂片长圆形，常外曲；花柱长约 7 mm。浆果近球形或卵圆形，红色。种子盘状。

【物候期】花期 6 ~ 10 月，果期 10 ~ 12 月。

【分布】喜生长于山坡向阳处，海拔 900 ~ 1600 m，也有分布在 300 ~ 2500 m 的。山东各地均有分布。

【致危因子与保护理由】稀有，栖息地易被破坏。

沟酸浆

Erythranthe tenella (Bunge) G. L. Nesom

透骨草科 | 沟酸浆属

【特征】多年生草本，铺散，无毛；茎长达 40 cm，多分枝，下部匍匐生根，四方形，角具窄翅。叶卵形或卵状三角形，长 1 ~ 3 cm，疏生锯齿，叶脉羽状；叶柄与花梗近等长，较叶片短。花单生于叶腋；花萼圆筒形，长约 5 mm，果期成囊泡状，增大近一倍，5 肋稍窄翅状，萼口平截，萼齿短而齐或后方 1 枚较大，刺状；花冠长 7 ~ 8 mm，漏斗状，黄色，喉部有红色斑点，唇短，沿喉部密被髯毛。蒴果椭圆形，较宿存花萼短。种子具乳头状突起。

【物候期】花果期 6 ~ 9 月。

【分布】山东泰山、徂徕山、蒙山等鲁中南山区有分布。

【价值】适合庭植、盆栽、水盆和水池边；可食，做酸菜用。

【致危因子与保护理由】山东省内分布点少，稀有。

柳穿鱼

Linaria vulgaris subsp. *chinensis* (Bunge ex Debeaux) D. Y. Hong

车前科 | 柳穿鱼属

【特征】多年生草本，植株高 20 ~ 80 cm，茎叶无毛；茎直立，常在上部分枝。叶通常多数而互生，条形，常单脉，少 3 脉，长 2 ~ 6 cm，宽 2 ~ 4(10) mm。总状花序，花期短而花密集，果期伸长而果疏离，花序轴及花梗无毛或有少数短腺毛；苞片条形至狭披针形，超过花梗；花梗长 2 ~ 8 mm；花萼裂片披针形，长约 4 mm，宽 1.0 ~ 1.5 mm，外面无毛，内面多少被腺毛；花冠黄色，除去距长 10 ~ 15 mm，上唇长于下唇，裂片长 2 mm，卵形，下唇侧裂片卵圆形，宽 3 ~ 4 mm，中裂片舌状，距稍弯曲，长 10 ~ 15 mm。蒴果卵球状，长约 8 mm。种子盘状，边缘有宽翅，成熟时中央常有瘤状突起。

【物候期】花期 6 ~ 9 月。

【分布】生山坡、路边、田边草地中或多砂的草原。山东济南、济宁微山和鱼台、烟台栖霞、聊城高唐等有分布。

【致危因子与保护理由】种群小，喜生于海边，栖息地易被破坏。

茶菱

Trapella sinensis Oliv.

车前科 | 茶菱属

【特征】 多年生水生草本；根状茎横走；茎绿色。叶对生，上面无毛，下面淡紫色；沉水叶三角状圆形或心形；长 1.5 ~ 3.0 cm，先端钝尖，基部浅心形；叶柄长 1.5 cm。花单生叶腋，在茎上部叶腋的多为闭锁花；花梗长 1 ~ 3 cm，花后增长；萼齿 5，长约 2 mm，宿存；花冠淡红色，裂片 5，圆形，薄膜质，具细脉纹；花丝长约 1 cm，花药 2 室，极叉开，纵裂；子房下室有 2 胚珠。蒴果窄长，不开裂，有 1 种子，顶端有锐尖的钩状附属物，其中长的附属物可达 7 cm，短的附属物长 0.5 ~ 2.0 cm。

【物候期】 花期 6 月。

【分布】 偶见于山东西南部水域，群生于池塘或湖泊中，海拔 300 m 左右。

【致危因子与保护理由】 山东省内已知分布点极少，栖息地易被破坏。

狸藻

Utricularia vulgaris L.

狸藻科 | 狸藻属

【特征】水生草本；匍匐枝圆柱形，节部长 0.3 ~ 0.8(~ 1.2) cm，分枝多。叶器多数，互生；捕虫囊通常多数，侧生于叶器裂片上。花序直立，中上部具 3 ~ 10 朵疏离的花，无毛；花序梗圆柱状，具 1 ~ 4 个鳞片；苞片与鳞片同形，基部耳状；无小苞片；花梗丝状；花冠黄色，下唇边缘反曲，喉凸隆起呈浅囊状；距筒状，仅在远轴的内面散生腺毛；花丝线形；子房球形，花柱稍短于子房无毛。蒴果球形，爿裂。种子扁压，具 6 角和细小的网状突起，褐色，无毛。

【物候期】花期 6 ~ 8 月，果期 7 ~ 9 月。

【分布】生于湖泊、池塘、沼泽及水田中，海拔 50 ~ 3500 m。山东南四湖、马踏湖有分布。

【致危因子与保护理由】山东省内已知分布点较少，稀有。

挖耳草

Utricularia bifida L.

狸藻科 | 狸藻属

【特征】陆生小草本；假根少数，丝状，基部增厚具多数乳头状分枝；匍匐枝少数，丝状，具分枝。叶生于匍匐枝上，圆形，膜质，全缘，无毛，具1脉；捕虫囊生于叶及匍匐枝上，球形，侧扁，具柄。花序直立，中上部有1～16朵疏离的花；花序梗圆柱状，上部光滑，下部具细小腺体，有鳞片；苞片与鳞片相似，基部着生，先端钝；小苞片线状披针形，短于苞片；花梗丝状，具翅；花冠黄色，外面无毛，上唇窄长圆形或长卵形，先端圆或具2～3浅圆齿，喉凸隆起呈浅囊状；距钻形，与下唇成锐角或钝角叉开；花丝线形，药室于顶端汇合；子房卵圆形，花柱短而显著，柱头下唇近圆形，反曲，上唇较短。蒴果背腹扁，具皮膜质，室背开裂；果柄下弯。种子多数，无毛，具网状突起，网格纵向延长，多少扭曲。

【物候期】花期6～12月，果期7月至次年1月。

【分布】生于沼泽地、稻田或沟边湿地，海拔40～1350 m。山东崂山有分布。

【价值】可作药用。因具有捕虫囊，可捕食湿土地中微小动物。

【致危因子与保护理由】特殊生境（山间石缝湿地），种群小，稀有。

宜昌荚蒾

Viburnum erosum Thunb.

忍冬科 | 荚蒾属

【特征】落叶灌木。叶纸质，卵状披针形、卵状长圆形、窄卵形、椭圆形或倒卵形，长 3 ~ 11 cm，基部圆、宽楔形或微心形，有波状小尖齿，上面无毛或疏被叉状或簇状短伏毛，下面密被簇状茸毛，近基部两侧有少数腺体，侧脉 7 ~ 10(~ 14) 对，直达齿端；叶柄长 3 ~ 5 mm，被粗毛，基部有 2 枚宿存、钻形的小托叶。复伞形式聚伞花序生于具 1 对叶的侧生短枝之顶，花生于第二至第三级辐射枝上，花冠白色，辐状，裂片圆卵形；雄蕊略短于至长于花冠，花药黄白色，花柱高出萼齿。果实红色，宽卵圆形；核扁。

【物候期】在山东崂山 4 月上旬发芽，花期 4 月下旬~ 5 月下旬，果熟期 9 ~ 10 月。

【分布】产于山东崂山、昆嵛山、伟德山等地。生于山中下部的山坡灌丛中或林下，海拔一般不超过 750 m。

【价值】种子含油约 40%，供制肥皂和润滑油；茎皮纤维可制绳索及造纸；枝条供编织用；花美丽，可供观赏。

【致危因子与保护理由】栖息地分散，扩散较难。

华北忍冬

Lonicera tatarinowii Maxim.

忍冬科 | 忍冬属

【特征】落叶灌木；冬芽有 7 ~ 8 对宿存、先端尖的外鳞片。叶长圆状披针形或长圆形，长 3 ~ 7 cm，先端尖或渐尖，上面无毛，下面除中脉外有灰白色细茸毛，后渐无毛；叶柄长 2 ~ 5 mm。总花梗纤细，苞片三角状披针形，长约萼筒之半，无毛；杯状小苞片长为萼筒的 1/5 ~ 1/3，有缘毛；相邻两萼筒合生至中部以上，稀分离，长约 2 mm，无毛，萼齿三角状披针形，比萼筒短；花冠黑紫色，唇形，长约 1 cm，外面无毛，冠筒长为唇瓣的 1/2，基部一侧稍肿大，内面有柔毛，上唇两侧裂深达 1/2，中裂较短，下唇舌状；雄蕊生于花冠喉部，约与唇瓣等长。果熟时红色，近圆形，径 5 ~ 6 mm。

【物候期】花期 5 ~ 6 月，果期 8 ~ 9 月。

【分布】生于山坡杂木林或灌丛中，海拔 400 ~ 1750 m，山东主要分布在青岛崂山、烟台昆嵛山等区域。

【致危因子与保护理由】生境破坏，种群较小，珍稀。

假贝母

Bolbostemma paniculatum (Maxim.) Franquet

葫芦科 | 假贝母属

【特征】鳞茎肥厚，肉质，乳白色；茎草质，无毛。叶柄长 1.5 ~ 3.5 cm，叶卵状近圆形，长 4.0 ~ 1.1 cm，宽 3 ~ 10 cm，掌状 5 深裂，每裂片 3 ~ 5 浅裂，基部小裂片顶端各有一突出腺体；卷须单一或二歧。花雌雄异株；雌、雄花序均为疏散圆锥状，稀花单生，花序轴丝状；花梗长 1.5 ~ 3.5 cm；花黄绿色；花萼与花冠相似，裂片长约 2.5 mm，顶端具长丝状尾；雄蕊 5，离生，花丝长 0.3 ~ 0.5 mm；子房近球形，疏生不显著疣状凸起。果圆柱状，长 1.5 ~ 3.0 cm，径 1.0 ~ 1.2 cm，成熟后顶端盖裂，果盖圆锥形，具 6 种子。种子卵状菱形，暗褐色，有雕纹状凸起，边缘有不规则齿。

【物候期】花期 6 ~ 8 月，果期 8 ~ 9 月。

【分布】生于阴山坡，现已广泛栽培。

【价值】本种之鳞茎应系我国古代最早应用的中药贝母，曾有种植。

【致危因子与保护理由】采挖压力大，山东省内已知分布点少，稀有。

羊乳

Codonopsis lanceolata (Sieb. et Zucc.) Trautv.

桔梗科 | 党参属

【特征】植株全体光滑无毛，稀茎叶疏生柔毛；茎基近圆锥状或圆柱状，根常肥大呈纺锤状，长 10 ~ 20 cm，表面灰黄色，近上部有稀疏环纹，而下部则疏生横长孔；茎缠绕，长约 1 m，常有多数短细分枝，黄绿而微带紫色。叶在主茎上的互生，披针形或菱状窄卵形，长 0.8 ~ 1.4 cm；在小枝顶端通常 2 ~ 4 叶簇生，而近对生或轮生状，菱状卵形、窄卵形或椭圆形，长 3 ~ 10 cm，先端尖或钝，基部渐窄，通常全缘或有疏波状锯齿，叶柄长 1 ~ 5 mm。花单生或对生于小枝顶端；花梗长 1 ~ 9 cm；花萼贴生至子房中部，萼筒半球状，裂片卵状三角形，长 1.3 ~ 3.0 cm，全缘；花冠宽钟状，长 2 ~ 4 cm，径 2.0 ~ 3.5 cm，浅裂，裂片三角状，反卷，长 0.5 ~ 1.0 cm，黄绿或乳白色内有紫色斑；花丝钻状，基部微扩大；花盘肉质；子房下位。蒴果下部半球状，上部有喙，径 2.0 ~ 2.5 cm。种子多数，卵圆形，有翼。

【物候期】花果期 7 ~ 8 月。

【分布】生于山地灌木林下沟边阴湿地区或阔叶林内。山东昆嵛山、崂山、牙山有分布。

【价值】民间做药用，泰山四大名药之一。

【致危因子与保护理由】采挖压力大，生境人为干扰严重。

桔梗

Platycodon grandiflorus (Jacq.) A. DC.

桔梗科 | 桔梗属

【特征】多年生草本，有白色乳汁；根胡萝卜状；茎直立，高 0.2 ~ 1.2 m，通常无毛，稀密被短毛，不分枝，极少上部分枝。叶轮生、部分轮生至全部互生，卵形、卵状椭圆形或披针形，长 2 ~ 7 cm，基部宽楔形或圆钝，先端急尖，上面无毛而绿色，下面常无毛而有白粉，有时脉上有短毛或瘤突状毛，边缘具细锯齿，无柄或有极短的柄。花单朵顶生，或数朵集成假总状花序，或有花序分枝而集成圆锥花序；花萼筒部半圆球状或圆球状倒锥形，被白粉，5 裂，裂片三角形或窄三角形，有时齿状；花冠漏斗状钟形，长 1.5 ~ 4.0 cm，蓝或紫色，5 裂；雄蕊 5，离生，花丝基部扩大成片状，且在扩大部分有毛；无花盘；子房半下位，5 室，柱头 5 裂，裂片狭窄，常为线形。蒴果球状、球状倒圆锥形或倒卵圆形，长 1.0 ~ 2.5 cm，在顶端（花萼裂片和花冠着生位置之上）室背 5 裂，带着隔膜。种子多数，熟后黑色，一端斜截，一端急尖，侧面有一条棱。

【物候期】花期 7 ~ 9 月。

【分布】生于海拔 2000 m 以下的阳处草丛、灌丛中，少生于林下。山东各山区有分布。

【价值】根药用，含桔梗皂苷，有止咳、祛痰、消炎（治肋膜炎）等效，花大艳丽。

【致危因子与保护理由】采挖压力大，生境人为干扰严重。

紫菀

Aster tataricus L. f.

菊科 | 紫菀属

【特征】 多年生草本；茎疏被粗毛。叶疏生，基生叶长圆形或椭圆状匙形，基部渐窄成长柄，连柄长 20 ~ 50 cm，边缘有具小尖头圆齿或浅齿；茎下部叶匙状长圆形，基部渐窄或骤窄成具宽翅的柄，除顶部外有密齿；中部叶长圆形或长圆状披针形，无柄，全缘或有浅齿；上部叶窄小；叶厚纸质，上面被糙毛，下面疏被粗毛，沿脉较密，侧脉 6 ~ 10 对。头状花序径 2.5 ~ 4.5 cm，多数在茎枝顶端排成复伞房状，花序梗长，有线形苞叶；总苞半球形，径 1.0 ~ 2.5 cm，总苞片 3 层，覆瓦状排列，线形或线状披针形，先端尖或圆，被密毛，边缘宽膜质，带红紫色；舌状花约 20，舌片蓝紫色。瘦果倒卵状长圆形，紫褐色，上部被疏粗毛；冠毛 1 层，污白或带红色，有多数糙毛。

【物候期】 花期 7 ~ 9 月，果期 8 ~ 10 月。

【分布】 生于低山阴坡湿地、山顶和低山草地及沼泽地，海拔 400 ~ 2000 m。

【价值】 栽培类型可供观赏用；根药用。

【致危因子与保护理由】 分布边缘，观赏价值大。

海州蒿

Artemisia fauriei Nakai

菊科 | 蒿属

【特征】 多年生草本；茎、枝初被灰白色蛛丝状茸毛。叶稍肉质，初两面被蛛丝状茸毛，基生叶密集，卵形或宽卵形，长 11 ~ 18 cm，三（四）回羽状全裂，小裂片窄线形，长 (1.0 ~)1.5 ~ 3.0 cm；下部与中部叶宽卵形，长、宽 3 ~ 5 cm，二（三）回羽状全裂，每侧裂片 3 ~ 4，裂片间隔疏离，小裂片窄线形，长 0.5 ~ 1.5 cm，叶柄长 0.8 ~ 1.2 cm，基部半抱茎；上部叶、苞片叶与小枝叶倒卵形，3 ~ 5 全裂或不裂。头状花序卵圆形或卵圆状倒圆锥形，径 2 ~ 3(4) mm，多数，下垂，具短梗或近无梗，排成复总状花序，并在茎上组成稍开展或窄长圆锥花序；总苞片初背面微被蛛丝状茸毛；花序托凸起，托毛白色；雌花 2 ~ 5；两性花 8 ~ 15。瘦果倒卵圆形，稍扁。

【物候期】 花果期 8 ~ 10 月。

【分布】 多生于沿海地区的滩涂或沟边。山东沿海各地有分布。

【致危因子与保护理由】 特殊生境（盐碱地）。

苍 术

Atractylodes lancea (Thunb.) DC.

菊科 | 苍术属

【特征】多年生草本；根状茎平卧或斜升，粗长或通常呈疙瘩状，生多数等粗等长或近等长的不定根。基部叶花期脱落；中下部茎叶长 8 ~ 12 cm，宽 5 ~ 8 cm，3 ~ 5(7 ~ 9) 羽状深裂或半裂，基部楔形或宽楔形，几无柄，扩大半抱茎，或基部渐狭成长达 3.5 cm 的叶柄；顶裂片与侧裂片不等形或近等形，宽 1.5 ~ 4.5 cm；侧裂片 1 ~ 2(3 ~ 4）对，宽 0.5 ~ 2.0 cm；有时中下部茎叶不分裂；中部以上或仅上部茎叶不分裂，倒长卵形、倒卵状长椭圆形或长椭圆形，有时基部或近基部有 1 ~ 2 对三角形刺齿或刺齿状浅裂；或全部茎叶不裂，中部茎叶倒卵形、长倒卵形、倒披。冠毛刚毛褐色或污白色，长 7 ~ 8 mm，羽毛状，基部连合成环。瘦果倒卵圆形，密被白色长直毛。

【物候期】花果期 6 ~ 10 月。

【分布】野生山坡草地、林下、灌丛及岩缝隙中。各地药圃广有栽培。山东各山区有分布。

【价值】根状茎入药。

【致危因子与保护理由】存在一定的采挖压力。

烟管蓟

Cirsium pendulum Fisch. ex DC.

菊科 | 蓟属

【特征】多年生草本，高达 3 m；茎枝被长节毛。基生叶及下部茎生叶长椭圆形、偏斜椭圆形、长倒披针形或椭圆形，下部渐窄成翼柄或无柄，二回羽状分裂，一回为深裂；侧裂片 5 ~ 7 对，半长椭圆形或偏斜披针形，一回侧裂片一侧深裂或半裂，另侧不裂，边缘有针刺状缘毛或兼有刺齿，二回裂片边缘及顶端有针刺；向上的叶渐小，无柄或耳状抱茎；叶两面绿色或下面稍淡，无毛。头状花序下垂，排成总状圆锥花序；总苞钟状，径 3.5 ~ 5 cm，无毛，总苞片约 10 层，覆瓦状排列，向内层渐长，外层与中层长三角形或钻状披针形，上部或中部以上钻状，内层披针形或线状披针形；小花紫或红色，管部细丝状，长 1.6 cm，檐部长 6 mm。瘦果倒披针形；冠毛污白色。

【物候期】花果期 6 ~ 9 月。

【分布】生于山谷、山坡草地、林缘、林下、岩石缝隙、溪旁及村旁，海拔 300 ~ 2240 m。山东济南市历城区有标本记录。

【致危因子与保护理由】山东省内新记录，已知分布点少，稀有。

山牛蒡

Synurus deltoides (Ait.) Nakai

菊科 | 山牛蒡属

【特征】 多年生草本；茎枝有条棱，灰白色，密被茸毛，有时下部毛脱落。基生叶与下部茎生叶心形、卵形、宽卵形、卵状三角形或戟形，长 10 ~ 26 cm，基部心形、戟形或平截，边缘有三角形或斜三角形粗齿，常半裂或深裂，叶柄长达 34 cm，有窄翼；叶上面绿色，粗糙，有长毛，下面灰白色，密被茸毛。头状花序同型，下垂，单生茎顶；总苞球形，径 3 ~ 6 cm，密被蛛丝毛或渐稀，总苞片 13 ~ 15 层，外层与中层披针形，长 0.7 ~ 2.3 cm，内层线状披针形，长 2.3 ~ 2.5 cm，质坚硬；花托有长毛；小花均两性，管状，花冠紫红色；花柱 2 浅裂，贴合。瘦果长椭圆形，稍扁，光滑，顶端果缘有细齿，着生面侧生；冠毛多层，不等长，基部连合成环，整体脱落，冠毛刚毛糙毛状。

【物候期】 花果期 6 ~ 10 月。

【分布】 生于山坡林缘、林下或草甸，海拔 550 ~ 2200 m。山东昆嵛山、荣成等地有分布。

【致危因子与保护理由】 山东省内已知分布点少，稀有。

沙苦荬

Ixeris repens (L.) A. Gray

菊科 | 苦荬菜属

【特征】多年生草本，光滑无毛；茎匍匐，有多数茎节，茎节处向下生出多数不定根，向上生出具长叶柄的叶。叶有长柄，柄长 1.5 ~ 9.0 cm，叶片一至二回掌状 3 ~ 5 浅裂、深裂或全裂，全形宽卵形，长 1.5 ~ 3.0 cm，宽 1.5 ~ 5.0 cm，裂片或末回裂片椭圆形、长椭圆形、圆形或不规则圆形，基部渐狭，有短翼柄或无翼柄，顶端圆形或钝，边缘浅波状或仅一侧有一大钝齿或椭圆状大钝齿，两面无毛；冠毛白色，长 6 mm，微粗糙。瘦果圆柱状，褐色，稍压扁，长 4 mm，宽 1 mm，无毛，有 10 条高起的钝肋，顶端渐窄成 2 mm 的粗喙。

【物候期】花果期 5 ~ 10 月。

【分布】生于海边沙地。山东主要分布在烟台、青岛等地。

【致危因子与保护理由】特殊生境（海边沙地）。

第三部分
稀有濒危植物产生的原因及保护对策

生物多样性的有关概念

生物多样性是近30年来国内外一个非常时髦的术语，应用也十分广泛和普遍。目前，我国较为通用的概念是马克平等（1993）根据《生物多样性公约》所提出的，即“生物多样性是生物及其环境形成的生态复合体以及与此相关的各种生态过程的总和”。

无论是在生态学、生物学、保护生物学，还是在社会、经济与政治领域，人们经常谈论和提及生物多样性保护，这是因为人类需要和离不开生物多样性。正如习近平总书记2021年10月12日在昆明召开的《生物多样性公约》第十五次缔约方大会的主旨讲话中强调的，“生物多样性使地球充满生机，也是人类生存和发展的基础。保护生物多样性有助于维护地球家园，促进人类可持续发展”。尽管生物多样性如此重要，但生物多样性却面临着前所未有的威胁，保护生物多样性，明智地利用生物多样性已经成为人们的共识。习近平总书记在昆明会议上提出了“共同构建地球生命共同体”的倡议。保护好生物多样性及人类共同的家园，对于中国的生态文明建设和美丽中国目标实现具有现实意义。

生物多样性（biodiversity or biological diversity）是一个内涵十分广泛的概念，是生命的基本特征之一。地球经过数十亿年的进化，形成了数百万到上千万种包括动物、植物、微生物在内的生物和它们所拥有的无限基因，它们的生存环境以及各种复杂的生态系统。生物多样性有若干层次，但在理论与实践上最基本、最重要，研究较多的是遗传（基因）多样性、物种多样性和生态系统多样性三个基本层次（马克平，1993）。

在物种多样性方面，最重要和关键的是植物多样性。植物处在食物链的底层，是食物链的基础，作为生态系统的第一性生产者为其他生物提供了食物和栖息环境。所以从某种意义上来讲，保护生物多样性，前提是保护好植物多样性。其中稀有濒危植物（rare and endangered plants）就是植物多样性的一类，是指具有重要生态、社会、经济和文化意义而现存数量稀少或者处于濒危状态的植物物种，如人们比较熟悉的水杉（*Metasequoia glyptostroboides*）、银杉（*Cathaya argyrophylla*）、珙桐（*Davidia involucrata*）、桫椤（*Alsophila spinulosa*）等具有世界意义的国家一级保护植物；更多是具有各类意义和价值或者生存受到威胁的稀有濒危植物，如野大豆（*Glycine soja*）、青岛百合（*Lilium tsingtauense*）、玫瑰（*Rosa rugosa*）、珊瑚菜（*Glehnia littoralis*）等国家二级保护植物；还有一些具有地区或区域意义的植物，如红楠、山茶、黄连木等。

稀有濒危植物产生的原因

稀有濒危植物产生的原因很多，有自身的原因，也有外界的因素。自身的原因是受植物的个体发育和系统发育特征所制约，外在因素主要是大的环境变化，如全球变暖，局部或者突然的环境变化如地震、暴雨、火灾，以及人类活动所造成的，并且这些作用在目前已远远超过了生物自身的原因（马克平，2016b，2017；黄志欢，2020）。当然，要彻底弄清楚某一种植物受到什么威胁而走向濒危或是灭绝，是相当复杂的问题，必须具体情况具体分析。

首先，大的环境变化，如全球变暖带来的生物多样性丧失，几乎是不可抗逆的。但是，全球变暖是自然现象，还是人为活动加剧了全球变暖，到目前没有定论，但有一点是人们公认的，那就是工业革命之后，全球变暖加速了，两极冰川正在融化，已经影响到了北极熊等生物的生存，自然灾害如干旱、暴雨、火灾等也在增加。二氧化碳的过量排放是全球变暖的影响因素之一，减少碳排放既是国际的共同任务和目标，也是保护生物多样性的重要途径。

其次，局部或者突然的环境变化如地震、暴雨、火灾等，也是很难控制的，但是加强预报和预防以及灾后恢复，则是通过各种努力可以将危害和损失减到最低，减少生物多样性的丧失。

第三，人为活动所造成的生物多样性丧失和灭绝，在某种程度和意义上讲是可以控制，可以降低的。大的环境变化、局部或者突然的灾害，人类往往是难以制止的。但当前大量动植物的灭绝或者处于濒危灭绝的处境，在很大程度上是由于人类的各种生活与生产活动所引起，特别是由于近代的人类活动所造成的。20 世纪 60 年代，人口膨胀、粮食短缺、资源消耗、能源减少、环境污染和生态破坏，曾经是世界范围内的六大环境和生态问题，这些问题也是造成生物多样性丧失的重要因素。

人口的膨胀和对资源的持续无节制利用，特别是对一些经济价值高的生物资源的过度甚至毁灭性利用，如对热带森林的砍伐、对湿地和草原的过度利用等，无疑是生物多样性丧失和减少的主要原因，还有诸如对资源利用的不公平，发达国家占有了大部分资源，排放大部分二氧化碳，国际法律法规的不健全、不公正、不执行等。这些都是全球性的问题。

中国是世界生物多样性的大国（马克平，2016a；傅立国，1992），最近30年来在生物多样性保护方面实施了一大批卓有成效的行动，在生物多样性保护方面形成了中国模式。

具体到山东而言，除了上述问题和原因要面对，在开展生态文明建设和美丽山东建设中，保护包括稀有濒危植物在内的生物多样性也是历史责任和现实任务。山东的生物多样性在全国范围并不十分突出，但是也有如黄河口国家公园（在建）、长岛国家公园（待建）等具有国际意义和国家代表性的自然保护地，也有数量较多的稀有濒危植物，如野大豆、青岛百合、珊瑚菜、玫瑰及兰科植物等，这些植物资源也面临着各种各样的威胁。除了前面提到的问题和原因，就现阶段来讲，以下几个问题和原因值得特别关注。

1. 快速的城市化发展对生物多样性和稀有濒危植物的威胁

山东是城镇化发展快和城镇化率高的省份，据有关资料显示，山东2022年的城镇化率64.54%，同比增长0.6个百分点，快于全国0.1个百分点。城镇化率的提升意味着居民的生活、生产空间和生物多样性及居民本身需要的生态空间矛盾将越来越突出。其中城市建设、道路建设、旅游设施建设等不可避免地挤占生态空间，威胁生物多样性。如在20世纪80年代之前，山东半岛沿海的砂质海岸上到处分布着砂生植被，砂生植被不仅具有护岸、固土、减少沙尘等生态作用，而且有玫瑰、野大豆、珊瑚菜等多种国家级保护植物和数十种有生态、经济、文化等价值的稀有砂生植物，如砂钻苔草、滨麦、滨旋花、单叶蔓荆、沙滩黄芩（*Scutellaria strigillosa*）、兴安天门冬（*Asparagus dauricus*）、海滨香豌豆等。但经过几十年的不断开发和拓展，砂生植被的分布范围已经缩减了65%以上，所剩无几。

2. 观光和旅游兴起对生物多样性的潜在威胁

观光和旅游在最近一二十年发展非常迅速，目前除了传统经典旅游，新开发的乡村游、自驾游、驴友游等更是兴盛。观光旅游点大多处于自然植被茂密、植物种类繁多的深山地带。“青山绿水好风光”，青山者，绿色植物也，没有绿色植物谈何青山，没有青山难有绿水，当然也就不存在好风光了。由于人们的保护意识和法规等还跟不上旅游的发展速度，观光和旅游对珍稀植物的潜在威胁应当引起重视。加强生态保护教育，加强法律法规建设也是当务之急。

3. 自然保护地调整后潜在的威胁

2019年开始，各地都在按照相关要求，开展自然保护地调整，新的自然保护地体系和保护地名录也将很快发布。自然保护地体系建设，无疑是我国生态文明建设的重大举措，必将大大提升我国生态系统的多样性、稳定性和可持续性，其中国家公园和国家植物园建设带来的生物多样性保护巨大成效是非常明显的。但由于原来一些具有重要生态价值的省级自然保护区将调整为风景名胜区或者公园，保护力度也将随之降低，由此可能对生物多样性保护带来新的问题和威胁。因为，保护区有核心保护区和一般控制区之分，而包括风景名胜区在内的其他保护地都只有一般管控区，管控要求和力度明显降低了，如果保护和管理措施跟不上，部分风景区的植物资源有可能遭到程度不同的破坏。这一潜在问题必须引起有关部门的重视和关注。

4. 外来入侵种的影响

外来入侵物种（外来有害生物）也是对生物多样性保护和生物资源持续利用的主要威胁之一，有意（如引种）或无意（如国际贸易）引入外来入侵种，影响当地的物种和生态系统（排除自然入侵）的事例在世界各地都有发生。山东省也有典型实例，20 世纪 90 年代，黄河三角洲地区引入了原产北美的互花米草（*Spartina alterniflora*），目的是淤滩和护滩，此后的 20 多年，互花米草一直缓慢分布，并未造成明显为害。但在最近 10 多年中，互花米草疯长，入侵速度快、分布范围扩大，青岛胶州湾海滩也有大面积分布，严重影响了当地的物种和生态系统。为了治理互花米草，各地耗费了大量的资金和人力物力。尽管各地目前已经基本控制了互花米草的扩散和严重影响，但未来前景如何仍不得知。

此外，转基因生物释放是否存在潜在威胁也一直在争论之中。

生物多样性和稀有濒危植物保护途径与对策

生物多样性保护有多种途径，包括就地保护、迁地保护和种质、基因保护（马克平，1993，2016a）。

就地保护，即建立自然保护区和保护地，无疑是最直接最有效的保护方式。迁地保护对于自然状态下难以自然恢复种群的物种来说是最有效的方式，如我国对大熊猫（*Ailuropoda melanoleuca*）、扬子鳄（*Alligator sinensis*）、中华鲟（*Acipenser sinensis*）、麋鹿（*Elaphurus davidianus*）等的迁地保护便取得了明显成效；植物方面，对水杉（*Metasequoia glyptostroboides*）、银杉（*Cathaya argyrophylla*）、金花茶（*Camellia petelotii*）、苏铁（*Cycas revoluta*）等稀有植物的迁地保护也取得了成功。在此，就山东的稀有濒危植物保护途径和对策提出以下几方面的途径与对策。

一、建立健全自然保护地体系

建立自然保护区和各类自然保护地，是保护生物多样性和生态系统及稀有濒危植物最有效的途径和最成功的办法。在第一版中，本书对山东可以建立保护地的区域和类别进行了专门论述。很幸运的是，当时提出的5个重点区域，包括崂山、黄河三角洲、抱犊崮、长门岩和千里岩，以及沿海防护林区域，除了长门岩因特殊原因不能建保护区，其他4个都建立了国家或省级自然保护区。在稀有植物分布区一节中，也对各大区域应建立哪些保护地提出了建议，目前看多数区域已经建立了保护区。山东省现有7个国家级自然保护区和38个省级自然保护区。自然保护地调整后，保护地的类别和数量将有变动，但总的保护地数量和面积不会减少，而且黄河口国家公园和长岛国家公园建成后，必然大大提高山东省生物多样保护的地位和力度。

二、开展迁地保护和种质保护

对于某些濒于灭绝或数量很少、在自然状态下难以保护和恢复的种类，可采取迁地保护和种质保护的办法进行保护。如在崂山保护区，已经建立了对山茶、红楠、青岛百合、野生玫瑰、狭叶瓶尔小草等30多种珍稀植物集中迁地保护的措施。国家已经建立了北京国家植物园和广州国家植物园2处国家植物园，其主要任务就是植物的迁地保护，此外还有科研平台、科普教育和宣传等功能。山东省目前也有多处植物园，但多是以观光为主的植物园。在此基础上，建议在青岛、济南、东营、济宁、临沂等市建立省级植物园，以保护本地和区域稀有濒危植物。

三、加强科学研究

山东的植物和植被研究有很好的基础（方精云 等，2021；王仁卿 等，2000），但有关山东稀有植物的分类、特征、价值、濒危状况及保护途径的基础研究，以及具体保护措施等方面的应用研究还相对薄弱。建议集全省和国家植物研究力量，尽快制定和出台山东重点野生保护植物名录、山东植物红皮书等，在此基础上深入研究每种植物的分布、生物学与生态学特性、种群和群落特性及生境特征，探究其濒危原因和过程，继而再对稀有濒危植物的现存量、再生能力以及生态价值和生态产品价值进行评估，提出保护措施和持续利用方式（马克平，2017）。

四、重视立法工作

随着自然保护体系建立和调整完成，未来的任务是如何保护好各类自然保护地，提高生态系统的多样性、稳定和可持续性。目前自然保护地的立法工作极为迫切，首先是制定和颁布“山东省生物多样性保护办法”，其次是各类自然保护地条例或办法，然后是动物和植物资源等保护条例或办法等地方法规，形成有法可依、违法必究的良好社会氛围。

五、持续宣传教育

保护生物多样性和稀有濒危动植物是一项长期而艰巨的任务，也是全民的义务和责任。建议通过各种途径开展宣传教育和科普工作，可以通过拍摄有关稀有濒危动植物的视频、出版稀有稀有濒危动植物保护方面的书刊、画册和红皮书，电台和报刊开辟专栏等方式，进行宣传和教育，使人们能自觉地把保护自然、保护生物当作保护人类自己来看待，从而把保护自然、保护生物的艰巨任务建立在更广泛的群众基础之上。

六、做好管理工作

随着自然保护地体系建立和自然保护地调整到位，如何加强和做好自然保护地的管理工作尤为重要，是自然保护地体系是否稳固、作用能否更好发挥的关键。以往存在的建而不管、管而不问的现象不应再发生。

山东省自然保护区建设简介

一、概述

我国目前已经建立了以国家公园为主体的自然保护地体系，山东省也基本形成了布局比较合理、类型比较齐全、具有一定管理水平的自然保护地体系。但是在生物多样性保护方面，国家公园和各级各类自然保护区贡献最大、作用最突出，发挥了主导作用。山东省黄河口国家公园截至本书书稿完成前尚未公布，目前生物多样性保护的主体仍然是国家和省级自然保护区。

截至 2021 年，山东省有 7 个国家级保护区和 38 个省级自然保护区，合计 45 个省级及以上自然保护区，总面积 76.99 万 hm^2，占国土面积不到 5%，远低于全国平均水平。自然保护区在全省 13 地市有分布，聊城市、德州市和菏泽市无省级及以上自然保护区。

13 地市中，烟台市自然保护区数量为 20 个，面积 30.73 万 hm^2，分别占全省自然保护区总数量和面积的 44.44%、39.91%，面积和数量都居全省之首（图 3-1）。

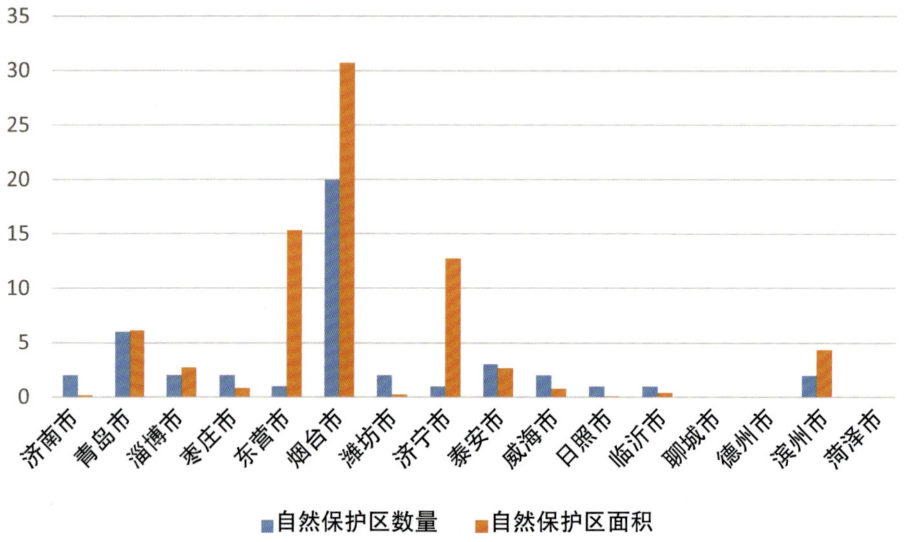

图 3-1　山东省自然保护区数量和面积

二、具有植物重要性的 10 个重要保护区

除了地质和海洋类保护区，山东 80% 以上的国家和省级保护区属于森林和湿地类型自然保护区，它们在植物重要性方面具有特别意义。以下重点介绍 10 个在植物多样性保护方面具有重要生态意义的保护区。

1. 黄河三角洲国家级自然保护区

黄河三角洲国家级自然保护区于 1992 年经国务院批准建立，位于山东省东营市的黄河入海口处，北临渤海，东靠莱州湾，介于东北亚内陆和江淮平原之间，地理坐标为东经 118° 33′ ~ 119° 207′，北纬 37° 35′ ~ 38° 12′，是以保护河口新生湿地生态系统和珍稀濒危鸟类为主的湿地类型自然保护区，是世界少有的河口湿地生态系统，具有新生性、完整性、原真性、多样性等特点，因而是具有重要国际意义的湿地，在国内外具有重要地位。保护区设一千二、黄河口、大汶流三个管理站，总面积 15.3 万 hm^2，其中核心区 5.8 万 hm^2，缓冲区 1.3 万 hm^2，实验区 8.2 万 hm^2。分为南北两个区域，南部区域位于现行黄河入海口，面积 10.45 万 hm^2；北部区域位于 1976 年改道后的黄河故道入海口，面积 4.85 万 hm^2。保护区的土地是黄河近百年来携带大量泥沙填充渤海凹陷成陆的海相沉积平原，地势平坦宽广，东西比降 1∶10 000 左右，潜水位小于 2 m，矿化度 10 ~ 20 ml/L，土壤为隐域性潮土和盐土土类。

保护区因处于黄河流入渤海的河海交汇处，水文条件独特，海淡水交汇，形成了宽阔的河口湿地，土壤盐分高、含氮量高，有机质较丰富，浮游生物繁盛，极适宜鸟类聚集。由于植被类型多样，海陆交错，吸引了大量过境和栖息繁殖的鸟类，其保护价值非常高，所以引起国内外关注。根据王仁卿（2022）的报告，保护区及周边区域有各类维管植物约 670 种，包括野生和半自然生长种类 368 种，栽培种类 263 种，其中具有重要生态、科研、经济和文化价值的约 200 种。

保护区的植被类型以各种草甸和沼泽植被为主，也有天然旱柳（*Salix matsudana*）林（图 3-2）和柽柳（*Tamarix chinensis*）灌丛（图 3-4）。多种多样的植被为鸟类栖息、迁徙提供了庇护地和觅食场所。保护区内有多种珍稀濒危保护植物，其中野大豆（*Glycine soja*）最为典型和重要。野大豆是重要的大豆育种种质资源，在保护区内分布很广，在三个保护站都有，其中黄河口和大汶流两个站最多，面积超过 1000 hm^2（图 3-3）。此外，盐地碱蓬（*Suaeda salsa*）、补血草（*Limonium sinense*）、罗布麻（*Apocynum venetum*）、獐毛（*Aeluropus sinensis*）等多种盐生植物也是该保护区的特色（图 3-5、图 3-6）。

随着黄河国家战略的实施，黄河三角洲国家级自然保护区所在的黄河口地区生态地位和国际国内重要性越来越明显，国家已经确定建立“黄河口国家公园”。随着国家公园的建设，这一区域的生态保护建设力度将越来越大，黄河口地区的生态、植被和生物多样性保护将上升到新的阶段和水平。比如保护区对野大豆进行了重点保护和定期监测，使得野大豆的种群不断增大。

此外，与保护区毗邻的滨州贝壳堤岛与湿地国家级自然保护区，以保护古贝壳堤和湿地生态系统为主，其植物资源也具特色和重要意义（图 3-7）。一是贝壳堤岛的植被是砂生植被，是一种特殊的植被类型；二是植物资源也具特色，特别是保护区分布较多的草麻黄（*Ephedra sinica*），具有重要生态价值，此外珍稀植物还有野大豆、罗布麻等。

图 3-2　黄河三角洲国家级自然保护区的主要植物和植被（旱柳林和芦苇群落）

图 3-3　黄河三角洲国家级自然保护区的主要植物和植被（野大豆果实）

图 3-4　黄河三角洲国家级自然保护区的主要植物和植被（柽柳林）

图 3-5 黄河三角洲国家级自然保护区的主要植物和植被（补血草和柽柳群落）

图 3-6 黄河三角洲国家级自然保护区的主要植物和植被（盐地碱蓬群落）

图 3-7　滨州贝壳堤岛与湿地国家级自然保护区（砂引草）

2. 昆嵛山国家级自然保护区

昆嵛山国家级自然保护区于2008年1月14日经国务院批准成立，以烟台市昆嵛山林场为主体，总面积15 416 hm^2。其中核心区6486.0 hm^2，占总面积的42.1%，缓冲区4481 hm^2，占总面积的29.1%，实验区4449.5 hm^2，占总面积的28.8%。地理坐标为东经121° 37′ 0″~ 121° 51′ 0″，北纬37° 12′ 20″~ 37° 18′ 50″。保护区的主要保护对象是暖温带森林生态系统，重点保护目标是赤松（图3–8）、赤松林（图3–9）及落叶栎林，是山东省第一个森林生态类型的国家级自然保护区。保护区山脉属长白山系，主峰泰礴顶，海拔923 m，主山脉呈东西走向，形成南北支脉和山谷。纵横交织的沟谷把保护区切割成若干个小地貌类型，为生物多样性分布提供了优良的自然环境。岩石以花岗岩分布最广，片麻岩、石英斑岩有少量分布。气候属暖温带季风型大陆性气候，年均气温11.9℃，年平均降水量984.4 mm，全年无霜期200天左右。保护区有4条较大河流发源于此，汉河、沁水河流向北，木渚河、黄垒河流向南，注入黄海。

保护区有野生高等植物161科536属1073种（含变种、变型），维管植物115科427属884种。维管植物科、属、种分别占山东省总数的62.8%、47.7%、38.1%，野生种子植物科、属、种占山东种子植物总数的80.1%、67.6%、56.5%，为山东省植物种类最丰富的地区之一。在记录的野生植物种类中，中华结缕草（*Zoysia sinica*）、野大豆（*Glycine soja*）、紫椴（*Tilia amurensis*）是国家级保护植物；列入《濒危野生动植物种国际贸易公约》的植物有兰科植物8属，共10种。“山东省稀有濒危植物”46种。山东特有植物22种，其中昆嵛山特有植物13种。植物模式标本8种，如坚桦（*Betula chinensis*）、胶东椴（*Tilia jiaodongensis*）、长梗红果山胡椒（*Lindera erythrocarpa* var. *longipes*）、胶东景天（*Sedum jiaodongense*）、华北剪股颖（*Agrostis clavata*）等，该保护区是山东省特有种和昆嵛山特有植物模式标本的集中分布地，其群落学重要性、生态学重要性和物种多样性很高（图3–10、图3–11）。

保护区拥有中国保存最完好的赤松林，是中国赤松的原生地和天然分布中心，被誉为“胶东植物王国”，是以中国赤松为主要保护对象的森林生态类型自然保护区。

昆嵛山国家级自然保护区无论在保护管理力度，还是保护成效方面都处于国内先进行列，保护区建设成效显著，赤松林和赤松栎类林都得到了很好的保护，生态系统的完整性、原真性已经显现。随着自然保护地体系建设的推进，昆嵛山保护区的发展将迎来新的发展机遇，在生物多样性保护、赤松麻栎混交林保护发展方面实现新的突破。

图 3-8　昆嵛山国家级自然保护区的主要植物和植被（赤松大树）

图 3-9　昆嵛山国家级自然保护区的主要植物和植被（赤松林）

图 3-10　昆嵛山国家级自然保护区的主要植物和植被（杂木林秋景）

图 3-11　昆嵛山国家级自然保护区的主要植物和植被（春季的三桠乌药）

3. 崂山省级自然保护区

崂山省级自然保护区地处山东半岛东南沿海，濒临黄海，地理坐标为东经 120° 24′ ~ 120° 42′，北纬 36° 05′ ~ 36° 19′，总面积 31 526 hm^2，其中核心区面积 7542 hm^2，缓冲区面积 8924 hm^2，实验区面积 15 060 hm^2。该保护区是以保护“森林生态系统类型”为主的自然生态系统类保护区，主要对象是暖温带落叶阔叶林植被和花岗岩峰丛地貌。崂山是中国大陆海岸上海拔最高的山地，花岗岩地质地貌景观典型、独特，特殊的大地构造位置和花岗岩类型、丰富的地质资源、典型而独特的花岗岩地貌景观，也具有很高的科研、科普和保护等价值。

该保护区属暖温带大陆性季风气候，四季变化和季风进退都较明显，具有雨水丰富、年温适中、冬无严寒、夏无酷暑、气候温和的海洋性气候特点。同时，复杂的地形造就了复杂多变的气候，东南部山区降水较多，太清宫附近被誉为“小江南”，为海洋性气候；中部低山和丘陵区降水适中，形成半湿润温和区；巨峰北侧北九水一带，冬季平均气温至零度以下，相对湿度高，誉为“小关东”。

崂山的植物多样性在山东最为丰富，在华北地区也有代表性，以栎类为代表的落叶阔叶林和以赤松林为代表的温性针叶林在国内外有特色。植物种类繁多，成分复杂，特有种类多，古树名木多，既是山东植物资源最丰富的区域，也是中国同纬度地区植物种类最多、植物区系成分最复杂的地域，具有很高的自然生态保护和科研价值。保护区物种多样性是山东最丰富的区域，维管束植物有1422种，8亚种，114变种，5变型，13栽培变种，隶属于160科734属，林木覆盖率达63.4%，有国家Ⅰ级重点保护植物2种，Ⅱ级保护植物10种；崂山及周边区域有国家Ⅰ级保护鸟类13种，Ⅱ级保护鸟类63种，山东省重点保护动物44种。丰富的动植物多样性及其生境构成了保护区完整的森林生态系统，重要的珍稀濒危植物有青岛百合（*Lilium tsingtauense*）（图3–12）、蜈蚣兰（*Cleisostoma scolopendrifolium*）、山茴香（*Carlesia sinensis*）、珊瑚菜（*Glehnia littoralis*）、野大豆（*Glycine soja*）等，还有山茶（*Camellia japonica*）（图3–13）、红楠（*Machilus thunbergii*）（图3–14）、竹叶花椒（*Zanthoxylum armatum*）等多种省内稀有的种类，以及多种兰科植物。

崂山植被类型可划分为针叶林、阔叶林、竹林、灌丛、灌草丛、草甸、水生植被和栽培植被等8个主要类型，以栎类为主的落叶阔叶林和以赤松为主的温性针叶林在山东和华北地区有代表性和典型性（图3–15）。

保护区具有丰富多样的生物多样性和奇特的地质地貌，在国内外享有盛誉。保护崂山的生物多样性、特别是丰富多样的植物和植被资源，为后代留下宝贵自然遗产，也是自然保护地建设的首要任务。自然保护地调整后，如何加大力度，采取有效措施保护好崂山的植物多样性必须引起各部门的高度重视。

距离崂山省级自然保护区不远的大泽山省级自然保护区和招虎山省级自然保护区也具有植物资源保护的重要价值。如在大泽山分布有较多的青岛百合（图3–16），在招虎山也有青岛百合出现，还有竹叶花椒（*Zanthoxylum armatum*）（图3–17）等稀有种类。

图3–12　崂山省级自然保护区的主要植物和植被（青岛百合）

图 3-13　崂山省级自然保护区的主要植物和植被（山茶盛花）

图 3-14　崂山省级自然保护区的主要植物和植被（红楠）

图 3-15 崂山省级自然保护区的主要植物和植被（秋季的针阔混交林）

图 3-16　大泽山省级自然保护区的主要植物和植被（青岛百合）

图 3-17　招虎山省级自然保护区的主要植物和植被（竹叶花椒）

4. 泰山省级自然保护区

泰山省级自然保护区于2006年经省政府批准建立，总面积11 892 hm^2，以泰山林场为主创建，属于森林生态系统保护区，森林覆盖率94.8%，植被覆盖率95.6%。

泰山森林是暖温带针阔混交林的典型代表，是山东省4个植物特有现象中心之一，有高等植物1614种，哺乳类动物25种、爬行类12种、两栖类6种、鸟类324种、鱼类22种。保护区内国家和省级保护的动植物种类较多，其中国家级保护植物10种，列入《濒危野生动植物物种国际贸易公约》的植物7种，列入《中国珍稀濒危植物红皮书》的5种，山东省稀有濒危植物32种，泰山特有植物28种，中国特有植物11种。泰山现有古树名木18 100余株，"秦松""汉柏""望人松""姊妹松""唐槐""宋银杏"等23株列入世界遗产名录，有"活化石""活文物"之誉（图3-18、图3-21）。

保护区具有丰富多样的生物多样性和古老的地质与险峰峻岭，其生态重要性在国内外享有盛誉。保护泰山的生物多样性和自然历史遗产，为后代造福，也是自然保护地建设的首要任务（图3-19、图3-20）。

距离泰山省级自然保护区较近的徂徕山省级自然保护区在植被类型和植物资源方面与泰山有一定相似性，也具有重要的植物多样性保护价值。

图 3-18　泰山省级自然保护区的主要植物和植被（油松）

图 3-19 泰山省级自然保护区的主要植物和植被（秋季植被）

图 3-20 泰山省级自然保护区的主要植物和植被（构树果期）

图 3–21　泰山省级自然保护区的主要植物和植被（侧柏）

5. 南四湖省级自然保护区

南四湖省级自然保护区位于济宁市境内，地理坐标为东经 116° 34′ 09″ ~ 117° 21′ 53″，北纬 34° 23′ 56″ ~ 35° 17′ 39″，属于自然生态系统类别、内陆湿地和水域生态系统类型的自然保护区，保护区总面积 11 651.07 hm^2，其中核心区 45 114.80 hm^2，占保护区总面积的 40.41%，缓冲区 12 696.70 hm^2，占保护区总面积的 11.37%，实验区 53 839.57 hm^2，占保护区总面积的 48.22%。

南四湖湿地生态区位重要、生物多样性丰富、生态系统完整，极具保护价值。保护区主要保护对象为鸟类以及鸟类赖以生存的栖息地。此外，南四湖还是重要的水资源调蓄地，是鸟类重要的栖息地和迁徙驿站，同时也是国家南水北调东线工程的重要调水区。

保护区属暖温带季风大陆性气候，四季分明。年均降雨量为 773.6 mm，年平均日照 2515.5 h，陆地年平均气温为 13.8℃，湖内年平均气温为 14.3℃。

南四湖平均水深 1.46 m，历史最高水位 36.48 m，最大蓄水面积 12.66 km^2，最大蓄水量为 53 亿 m^3，流域总面积 317 万 hm^2，入湖河道共有 53 条，出湖水道主要有 3 条。南四湖属中国淮河以北地区面积最大、结构完整、保存较好的内陆大型淡水草型湖泊，占山东省淡水面积的 47%，是中国十大淡水湖泊之一。

保护区有各种植物 195 种，其中杨、柳、泡桐等乔木 48 种，芦苇（*Phragmites australis*）、水莎草（*Cyperus serotinus*）等水生植物 147 种，国家级保护植物 5 种，其中野大豆（*Glycine soja*）和水蕨（*Ceratopteris thalictroides*）具有特色。在《濒危野生动植物国际贸易公约》中受保护的有 30 种。

南四湖的植被类型以水生和沼泽植被为主（图 3–22、图 3–25），北方常见的水生植物群落在南四湖大都能够见到，其中芦苇、莲（图 3–23）、菰（图 3–24）、眼子菜等形成的植被类型最为普遍和广泛。

南四湖已经具备了建立国家级自然保护区的基本条件，加之南水北调重大工程的完工运营，以及运河世界自然遗产的申报成功，更需要尽早建立国家级保护区，以提高管理能力、保护水平与成效。

南四湖省级自然保护区拥有丰富的生物多样性，在国内外有影响力。随着黄河国家战略的实施和生物多样性保护力度的加大，将保护区升级为国家级自然保护区应是未来的目标和任务。

与南四湖省级自然保护区类型近似的湖泊湿地有东平湖湿地，植物多样性与南四湖相似，也具有重要保护价值。

图 3–22　南四湖省级自然保护区的主要植物和植被（旱柳、芦苇、莲）

图 3-23 南四湖省级自然保护区的主要植物和植被（莲）

图 3-24 南四湖省级自然保护区的主要植物和植被（菰群落）

图 3-25　南四湖省级自然保护区的主要植物和植被（芡实）

6. 枣庄抱犊崮省级自然保护区

枣庄抱犊崮省级自然保护区建于 2003 年 3 月经山东省人民政府批准成立，面积 2500 hm^2，属于森林生态系统类型自然保护区，以森林生态系统和植物资源为主要保护对象。在局部地区，由于保护较好，分布有小片的次生天然杂木林（图 3-26）。

抱犊崮又称豹子崮，位于枣庄市郊区最东北部的山区，属蒙山山脉的延伸部分，最高峰海拔 580 m。在抱犊崮周围的南坡山谷下部，特别是在庙宇附近，发育着较为高大茂密的次生天然杂木林（图 3-27）。林层高度为 20 ~ 25 m，郁闭度 0.8 ~ 1.0。组成林层的种类非常丰富，很难找到优势种类，较多见的是栾树（*Koelreuteria paniculata*）、黄连木（*Pistacia chinensis*）、椴树（*Tilia* sp）、楸树（*Catalpa bungei*）、黄檀（*Dalbergia hupeana*）、山胡椒（*Lindera glauca*）、鹅耳枥（*Carpinus turczaninowii*）等（图 3-28）。属亚热带成分的山胡椒在长江流域及省内其他地区多为灌木，在抱犊崮的杂木林中它可以出现在乔木层，高度达 8 ~ 12 m，胸径在 10 cm 以上，实属罕见，表明这里的土壤、气候条件是相当优越的（图 3-29）。灌木层中的算盘子（*Glochidion puberum*）也属亚热带成分，在这里也不难见到。另外像黄精、玉竹等稀有种类，在林下也有较多分布。

由于该保护区位于山东最南端，与北亚热带毗邻，亚热带的植物区系丰富，生态区位特别，加强保护，扩大次生天然林面积，丰富植物多样性是长远的任务。

图 3-26 枣庄抱犊崮省级自然保护区植物和植被（侧柏林）

图 3-27 枣庄抱犊崮省级自然保护区植物和植被（杂木林）

图 3-28　枣庄抱犊崮省级自然保护区植物和植被（械树）

图 3-29　枣庄抱犊崮省级自然保护区植物和植被（山胡椒）

7. 仰天山省级自然保护区

仰天山省级自然保护于 1999 年 1 月经山东省人民政府批准建立，面积 2000 hm^2，属于森林生态系统类型自然保护区，主要保护对象是天然次生杂木林生态系统及其伴生的珍稀野生动植物（图 3–30、图 3–31）。在保护区内有小片分布的鹅耳枥（*Carpinus turczaninowii*）乔木林，在山东省属罕见，应该努力保护（图 3–33）。保护区内还有野大豆、盐麸木等多种珍稀植物（图 3–32）。

图 3–30 仰天山省级自然保护区植物和植被（森林）

图 3–31 仰天山省级自然保护区植物和植被（榉树）

图 3-32　仰天山省级自然保护区植物和植被（盐麸木）

图 3-33　仰天山省级自然保护区植物和植被（鹅耳枥林）

8. 栖霞牙山省级自然保护区

栖霞牙山省级自然保护区级自然保护区于 2003 年 5 月经山东省人民政府批准建立，面积 15 467.1 hm^2，属于森林生态系统类型自然保护区，主要保护对象是赤松林、麻栎林生态系统及其伴生的珍稀野生动植物（图 3–34）。

该保护区内有植物种类约 900 种，鸟类和兽类等动物 200 余种。除了典型的赤松林和麻栎林外，还有杜鹃（*Rhododendron simsii*）、锦带花（*Weigela florida*）、山樱桃（*Prunus serrulata*）形成的灌丛，花期长达 3 个月，是牙山保护区的特色自然景观。另外有紫椴（*Tilia amurensis*）、槲树（*Quercus dentata*）、黑弹树（*Celtis bungeana*）、苦木（*Picrasma quassioides*）、三椏乌药（*Lindera obtusiloba*）、山丹（*Lilium pumilum*）、卷丹（*Lilium lancifolium*）、地榆（*Sanguisorba officinalis*）、桔梗（*Platycodon grandiflorus*）等珍稀植物（图 3–36、图 3–37）。最近，在牙山还发现了天鹅花——一种毛茛科乌头属的植物，学名为高帽乌头（*Aconitum longecassidatum*）（图 3–35）。

该保护区保护区的管理一直比较规范、严格，使得保护区的生物多样性得到了有效保护。

图 3–34 栖霞牙山省级自然保护区的主要植物和植被（麻栎林）

图 3-35　栖霞牙山省级自然保护区的主要植物和植被（高帽乌头，又名天鹅花）

图 3-36　栖霞牙山省级自然保护区的主要植物和植被（垂丝卫矛）

图 3-37 栖霞牙山省级自然保护区的主要植物和植被（锦带花）

9. 蓬莱艾山省级自然保护区

蓬莱艾山省级自然保护于 2002 年 5 月经山东省人民政府批准建立，面积 9824.6 hm^2，属于森林生态系统类型自然保护区，主要保护对象是赤松林、麻栎林生态系统及其伴生的珍稀野生动植物（图 3-38、图 3-39）。

记录的维管植物约 820 种，植物种类比较丰富。除了赤松、麻栎等森林建群植物，还有较多珍稀植物，如紫椴、苦木、三椏乌药、黄连木（*Pistacia chinensis*）、杜鹃、桔梗、丹参（*Salvia miltiorrhiza*）、山丹（*Lilium pumilum*）等（图 3-40、图 3-41）。特别一提的是，艾山有小片分布的紫椴林，在山东半岛乃至山东省都不多见。

该保护区的管理也比较规范、严格，使得保护区的生物多样性得到了有效保护。

图 3-38　蓬莱艾山省级自然保护区的主要植物和植被（华东椴）

图 3-39　蓬莱艾山省级自然保护区的主要植物和植被（艾山植被）

图 3-40　蓬莱艾山省级自然保护区的主要植物和植被（椴树林）

图 3-41　蓬莱艾山省级自然保护区的主要植物和植被（石刁柏）

10. 烟台沿海防护林省级自然保护区

2006 年 6 月，山东省人民政府批准成立烟台沿海防护林省级自然保护区，保护区位于山东省烟台市境内，建立时面积较大，2019 年经省政府调整后为 14 046.3 hm^2，保护对象为以沿海防护林森林植被及其生境所形成的自然生态系统，属于森林生态系统类型自然保护区，涉及莱州、牟平等 11 个市（区）。保护区自 2006 年成立以来，对核心区和缓冲区森林植被和生物多样性的保护取得了很大成效，基本保住了现有的海防林。海防林的形成基质是砂质海岸，土壤为沙土，干旱、多盐、有机质低，不利于植物生长，但一些砂生植物如砂钻苔草、玫瑰（图 3–42）、单叶蔓荆（图 3–43）、滨旋花等适应这里的生境，形成了砂生植被。海防林的建设多与砂生植被相关，海防林的建设，为沿海地区营造了良好的生态条件和植被景观，往往为旅游和休闲的去处。海防林的植被类型主要是黑松林（图 3–44）、刺槐林以及黑松刺槐混交林，个别地段可以见到麻栎、小花扁担杆（*Grewia biloba* var. *parviflora*）、胡颓子（*Elaeagnus umbellata*）等种类，表明这些地段已经进入进展演替阶段。但同时，由于旅游和房地产开发，许多地段的海防林已经被破坏，必须引起高度关注。

据初步统计，组成海防林植被的植物约 70 种，建群种类是黑松和刺槐，其他有砂钻苔草、玫瑰、滨麦、珊瑚菜、滨旋花、白茅、单叶蔓荆等，其中玫瑰、珊瑚菜（图 3–45）、单叶蔓荆等都属于珍稀濒危植物，沙滩黄芩（*Scutellaria strigillosa*）、兴安天门冬（*Asparagus dauricus*）、海滨香豌豆等也被列为国家级稀有濒危保护药用植物。

烟台海防林省级自然保护区具有独特的地位和作用，保护海防林植被，使其发挥防风固沙的生态作用，是一项长期而艰巨的任务。

图 3–42　烟台海防林省级自然保护区的主要植物和植被（野生玫瑰）

图 3-43 烟台海防林省级自然保护区的主要植物和植被（单叶蔓荆）

图 3-44 烟台海防林省级自然保护区的主要植物和植被（黑松林）

图 3-45　烟台海防林省级自然保护区的主要植物和植被（珊瑚菜）

参考文献

濒危动植物种国际贸易公约（CITES）[DB/OL]. https://www.iplant.cn/rep/protlist/8

陈汉斌, 郑亦津, 李法曾, 1990. 山东植物志(上卷)[M]. 青岛: 青岛出版社.

陈汉斌, 郑亦津, 李法曾, 1997. 山东植物志(下卷)[M]. 青岛: 青岛出版社.

樊守金, 胡泽绪, 2003. 崂山植物志[M]. 北京: 中国科学出版社.

方精云, 王国宏, 2020.《中国植被志》: 为中国植被登记造册[J]. 植物生态学报, 44(2): 93-95.

傅立国, 1992. 中国植物红皮书: 稀有濒危植物[M]. 北京: 科学出版社.

国家重点保护野生植物（新版）[DB/OL]. https://www.iplant.cn/rep/protlist

黄至欢, 2020. 中国珍稀植物濒危原因及保护对策研究进展[J]. 南华大学学报(自然科学版)(03): 42-50.

李文清, 臧德奎, 解孝满, 2016. 山东珍稀濒危保护树种[M]. 北京: 科学出版社.

马克平, 1993. 试论生物多样性的概念[J]. 生物多样性, 1(1): 20-22.

马克平, 2016a. 当前我国自然保护区管理中存在的问题与对策思考[J]. 生物多样性(03): 249-251.

马克平, 2016b. 生物多样性科学的热点问题[J]. 生物多样性(01): 1-2.

马克平, 2017. 生态系统红色名录: 进展与挑战[J]. 生物多样性(v.25): 5-6.

马克平, 钱迎倩, 王晨, 1995. 生物多样性研究的现状与发展趋势[J]. 科技导报, 1: 27-30.

王仁卿, 2022. 黄河三角洲湿地植被及其生物多样性[M]. 济南: 山东科学技术出版社.

王仁卿, 张照洁, 1993. 山东稀有濒危保护植物[M]. 济南: 山东大学出版社: 91-105.

王仁卿, 周光裕, 2000. 山东植被[M]. 济南: 山东科学技术出版社.

臧德奎, 2016. 山东特有植物[M]. 北京: 中国林业出版社.

臧德奎, 2017. 山东珍稀濒危植物[M]. 北京: 中国林业出版社.

赵大昌, 1996. 中国海岸带植被[M]. 北京: 海洋出版社.

中国生物多样性红色名录（高等植物卷）[DB/OL]. https://www.iplant.cn/rep/protlist/4

中国植被编辑委员会, 1980. 中国植被[M]. 北京: 科学出版社.

中国植物智[DB/OL]. https://www.iplant.cn

周光裕, 1955. 山东植物地理[J]. 山东大学学报, 2(1): 78-92.

周光裕, 1986. 山东森林[M]. 北京: 林业出版社.

附录 1　山东主要稀有濒危植物名录

保护等级		序号	科		属		种	
			中文名	拉丁名	中文名	拉丁名	中文名	拉丁名
国家重点保护野生植物（2021 版）	国家Ⅰ级	1	银杏科	Ginkgoaceae	银杏属	*Ginkgo*	银杏	*Ginkgo biloba* L.
	国家Ⅱ级	2	凤尾蕨科	Pteridaceae	水蕨属	*Ceratopteris*	水蕨	*Ceratopteris thalictroides* (L.) Brongn.
	国家Ⅱ级	3	禾本科	Poaceae	结缕草属	*Zoysia*	中华结缕草	*Zoysia sinica* Hance
	国家Ⅱ级	4	百合科	Liliaceae	百合属	*Lilium*	青岛百合	*Lilium tsingtauense* Gilg
	国家Ⅱ级	5	兰科	Orchidaceae	杓兰属	*Cypripedium*	紫点杓兰	*Cypripedium guttatum* Sw.
	国家Ⅱ级	6	兰科	Orchidaceae	杓兰属	*Cypripedium*	大花杓兰	*Cypripedium macranthos* Swartz
	国家Ⅱ级	7	兰科	Orchidaceae	天麻属	*Gastrodia*	天麻	*Gastrodia elata* Bl.
	国家Ⅱ级	8	榆科	Ulmaceae	榉属	*Zelkova*	大叶榉树	*Zelkova schneideriana* Hand.-Mazz.
	国家Ⅱ级	9	睡莲科	Nymphaeaceae	莲属	*Nelumbo*	莲	*Nelumbo nucifera* Gaertn.
	国家Ⅱ级	10	蔷薇科	Rosaceae	蔷薇属	*Rosa*	玫瑰	*Rosa rugosa* Thunb.
	国家Ⅱ级	11	豆科	Fabaceae	大豆属	*Glycine*	野大豆	*Glycine soja* Siebold & Zucc.
	国家Ⅱ级	12	豆科	Fabaceae	甘草属	*Glycyrrhiza*	甘草	*Glycyrrhiza uralensis* Fisch.
	国家Ⅱ级	13	猕猴桃科	Actinidiaceae	猕猴桃属	*Actinidia*	软枣猕猴桃	*Actinidia arguta* (Sieb. et Zucc.) Planch. ex Miq.
	国家Ⅱ级	14	猕猴桃科	Actinidiaceae	猕猴桃属	*Actinidia*	中华猕猴桃	*Actinidia chinensis* Planch.
	国家Ⅱ级	15	伞形科	Apiaceae	山茴香属	*Carlesia*	山茴香	*Carlesia sinensis* Dunn
	国家Ⅱ级	16	伞形科	Apiaceae	珊瑚菜属	*Glehnia*	珊瑚菜	*Glehnia littoralis* Fr. Schmidt ex Miq.

（续表）

保护等级		序号	科		属		种	
			中文名	拉丁名	中文名	拉丁名	中文名	拉丁名
中国生物多样性红色名录（受威胁物种）	极危	1	鸢尾科	Iridaceae	鸢尾属	*Iris*	矮鸢尾	*Iris kobayashii* Kitagawa
	濒危	2	松科	Pinaceae	松属	*Pinus*	白皮松	*Pinus bungeana* Zucc. ex Endl.
	易危	3	鳞毛蕨科	Dryopteridaceae	贯众属	*Cyrtomium*	全缘贯众	*Cyrtomium falcatum* (L. F.) Presl
	易危	4	松科	Pinaceae	落叶松属	*Larix*	华北落叶松	*Larix gmelinii* var. *principis-rupprechtii* (Mayr) Pilger
	易危	5	眼子菜科	Potamogetonaceae	大叶藻属	*Zostera*	大叶藻	*Zostera marina* L. L
	易危	6	谷精草科	Eriocaulaceae	谷精草属	*Eriocaulon*	长苞谷精草	*Eriocaulon decemflorum* Maxim.
	易危	7	马兜铃科	Aristolochiaceae	细辛属	*Asarum*	汉城细辛	*Asarum sieboldii* Miq.
	易危	8	毛茛科	Ranunculaceae	银莲花属	*Anemone*	山东银莲花	*Anemone shikokiana* (Makino) Makino
	易危	9	蔷薇科	Rosaceae	梨属	*Pyrus*	河北梨	*Pyrus hopeiensis* Yü
	易危	10	锦葵科	Malvaceae	椴属	*Tilia*	华东椴	*Tilia japonica* Simonk.
	易危	11	茄科	Solanaceae	散血丹属	*Physaliastrum*	华北散血丹	*Physaliastrum sinicum* Kuang et A. M. Lu
山东特有种	山东特有	1	蹄盖蕨科	Athyriaceae	对囊蕨属	*Deparia*	东北蛾眉蕨	*Deparia pycnosora* (Christ) M. Kato
	山东特有	2	鳞毛蕨科	Dryopteridaceae	耳蕨属	*Polystichum*	山东鞭叶耳蕨	*Polystichum shandongense* J. X. Li et Y. Wei
	山东特有	3	莎草科	Cyperaceae	薹草属	*Carex*	胶东薹草	*Carex jiaodongensis* Y. M. Zhang et X. D. Chen
	山东特有	4	谷精草科	Eriocaulaceae	谷精草属	*Eriocaulon*	白药谷精草	*Eriocaulon cinereum* R. Br.
	山东特有	5	石蒜科	Amaryllidaceae	葱属	*Allium*	矮齿韭	*Allium brevidentatum* F. Z. Li

（续表）

保护等级		序号	科		属		种	
			中文名	拉丁名	中文名	拉丁名	中文名	拉丁名
山东特有种	山东特有	6	石蒜科	Amaryllidaceae	葱属	*Allium*	泰山韭	*Allium taishanense* J. M. Xu
	山东特有	7	杨柳科	Salicaceae	杨属	*Populus*	五莲杨	*Populus wulianensis* S. B. Liang & X. W. Li
	山东特有	8	杨柳科	Salicaceae	柳属	*Salix*	泰山柳	*Salix taishanensis* C. Wang et C. F. Fang
	山东特有	9	蔷薇科	Rosaceae	地榆属	*Sanguisorba*	柔毛宽蕊地榆	*Sanguisorba applanata* var. *villosa* Yü et Li
	山东特有	10	漆树科	Anacardiaceae	盐肤木属	*Rhus*	泰山盐麸木	*Rhus taishanensis* S. B. Liang
	山东特有	11	锦葵科	Malvaceae	椴属	*Tilia*	泰山椴	*Tilia taishanensis* S. B. Liang
	山东特有	12	伞形科	Apiaceae	岩风属	*Libanotis*	济南岩风	*Libanotis jinanensis* L. C. Xu & M. D. Xu
	山东特有	13	紫草科	Boraginaceae	附地菜属	*Trigonotis*	蒙山附地菜	*Trigonotis tenera* Johnst.
	山东特有	14	母草科	Linderniaceae	蝴蝶草属	*Torenia*	泰山母草	*Torenia taishanensis* (F. Z. Li) Y. S. Liang & J. C. Wang
	山东特有	15	茜草科	Rubiaceae	茜草属	*Rubia*	山东茜草	*Rubia truppeliana* Loes.
山东珍稀种	珍稀	1	瓶尔小草科	Ophioglossaceae	阴地蕨属	*Sceptridium*	阴地蕨	*Sceptridium ternatum* (Thunb.) Y. X. Lin
	珍稀	2	瓶尔小草科	Ophioglossaceae	瓶尔小草属	*Ophioglossum*	狭叶瓶尔小草	*Ophioglossum thermale* Kom.
	珍稀	3	骨碎补科	Davalliaceae	骨碎补属	*Davallia*	骨碎补	*Davallia trichomanoides* Blume
	珍稀	4	凤尾蕨科	Pteridaceae	粉背蕨属	*Aleuritopteris*	华北薄鳞蕨	*Aleuritopteris kuhnii* (Milde) Ching
	珍稀	5	凤尾蕨科	Pteridaceae	铁线蕨属	*Adiantum*	团羽铁线蕨	*Adiantum capillus*-junonis Rupr.

（续表）

保护等级		序号	科		属		种	
			中文名	拉丁名	中文名	拉丁名	中文名	拉丁名
山东珍稀种	珍稀	6	金星蕨科	Thelypteridaceae	金星蕨属	*Parathelypteris*	中日金星蕨	*Parathelypteris nipponica* (Franch. et Sav.) Ching
	珍稀	7	岩蕨科	Woodsiaceae	岩蕨属	*Woodsia*	妙峰岩蕨	*Woodsia oblonga* Ching et S. H. Wu
	珍稀	8	鳞毛蕨科	Dryopteridaceae	耳蕨属	*Polystichum*	戟叶耳蕨	*Polystichum tripteron* (Kunze) Presl
	珍稀	9	鳞毛蕨科	Dryopteridaceae	贯众属	*Cyrtomium*	贯众	*Cyrtomium fortunei* J. Sm.
	珍稀	10	木贼科	Equisetaceae	木贼属	*Equisetum*	林问荆	*Equisetum sylvaticum* L.
	珍稀	11	禾本科	Poaceae	结缕草属	*Zoysia*	大穗结缕草	*Zoysia macrostachya* Franch. et Sav.
	珍稀	12	禾本科	Poaceae	高粱属	*Sorghum*	光高粱	*Sorghum nitidum* (Vahl) Pers.
	珍稀	13	禾本科	Poaceae	束尾草属	*Phacelurus*	束尾草	*Phacelurus latifolius* (Steud.) Ohwi
	珍稀	14	莎草科	Cyperaceae	薹草属	*Carex*	乳突薹草	*Carex maximowiczii* Miq.
	珍稀	15	鸭跖草科	Commelinaceae	水竹叶属	*Murdannia*	细柄水竹叶	*Murdannia vaginata* (L.) Bruckn.
	珍稀	16	雨久花科	Pontederiaceae	雨久花属	*Monochoria*	鸭舌草	*Monochoria vaginalis* (Burm. F.) Presl ex Kunth
	珍稀	17	百部科	Stemonaceae	百部属	*Stemona*	直立百部	*Stemona sessilifolia* (Miq.) Miq
	珍稀	18	百合科	Liliaceae	顶冰花属	*Gagea*	顶冰花	*Gagea nakaiana* Kitagawa
	珍稀	19	百合科	Liliaceae	百合属	*Lilium*	卷丹	*Lilium lancifolium* Thunb.
	珍稀	20	石蒜科	Amaryllidaceae	葱属	*Allium*	茖葱	*Allium ochotense* Prokh.
	珍稀	21	秋水仙科	Colchicaceae	万寿竹属	*Disporum*	山东万寿竹	*Disporum smilacinum* A. Gray

（续表）

保护等级		序号	科		属		种	
			中文名	拉丁名	中文名	拉丁名	中文名	拉丁名
山东珍稀种	珍稀	22	天门冬科	Asparagaceae	铃兰属	*Convallaria*	铃兰	*Convallaria keiskei* Miq.
	珍稀	23	天门冬科	Asparagaceae	黄精属	*Polygonatum*	二苞黄精	*Polygonatum involucratum* (Franch. et Sav.) Maxim.
	珍稀	24	天门冬科	Asparagaceae	黄精属	*Polygonatum*	黄精	*Polygonatum sibiricum* Delar. ex Redoute
	珍稀	25	薯蓣科	Dioscoreaceae	薯蓣属	*Dioscorea*	穿龙薯蓣	*Dioscorea nipponica* Makino
	珍稀	26	鸢尾科	Iridaceae	鸢尾属	*Iris*	单花鸢尾	*Iris uniflora* Pall. ex Link
	珍稀	27	兰科	Orchidaceae	火烧兰属	*Epipactis*	北火烧兰	*Epipactis xanthophaea* Schltr.
	珍稀	28	兰科	Orchidaceae	斑叶兰属	*Goodyera*	小斑叶兰	*Goodyera repens* (L.) R. Br.
	珍稀	29	兰科	Orchidaceae	舌唇兰属	*Platanthera*	二叶舌唇兰	*Platanthera chlorantha* Cust. ex Rchb.
	珍稀	30	兰科	Orchidaceae	舌唇兰属	*Platanthera*	密花舌唇兰	*Platanthera hologlottis* Maxim.
	珍稀	31	兰科	Orchidaceae	蜻蜓兰属	*Tulotis*	蜻蜓兰	*Platanthera souliei* Kraenzl.
	珍稀	32	兰科	Orchidaceae	角盘兰属	*Herminium*	角盘兰	*Herminium monorchis* (L.) R. Br.
	珍稀	33	兰科	Orchidaceae	玉凤花属	*Habenaria*	线叶十字兰	*Habenaria linearifolia* Maxim.
	珍稀	34	兰科	Orchidaceae	小红门兰属	*Ponerorchis*	无柱兰	*Ponerorchis gracilis* (Blume) X. H. Jin, Schuit. & W. T. Jin
	珍稀	35	兰科	Orchidaceae	原沼兰属	*Liparis*	原沼兰	*Malaxis monophyllos* (L.) Sw.
	珍稀	36	兰科	Orchidaceae	隔距兰属	*Cleisostoma*	蜈蚣兰	*Cleisostoma scolopendrifolium* (Makino) Garay

（续表）

保护等级		序号	科		属		种	
			中文名	拉丁名	中文名	拉丁名	中文名	拉丁名
山东珍稀种	珍稀	37	金粟兰科	Chloranthaceae	金粟兰属	*Chloranthus*	银线草	*Chloranthus quadrifolius* (A.Gray) H.Ohba & S.Akiyama
	珍稀	38	杨柳科	Salicaceae	杨属	*Populus*	山杨	*Populus davidiana* Dode
	珍稀	39	杨柳科	Salicaceae	柳属	*Salix*	朝鲜柳	*Salix koreensis* Anderss.
	珍稀	40	桦木科	Betulaceae	榛属	*Corylus*	毛榛	*Corylus mandshurica* Maxim.
	珍稀	41	桦木科	Betulaceae	鹅耳枥属	*Carpinus*	千金榆	*Carpinus cordata* Bl.
	珍稀	42	桦木科	Betulaceae	桦木属	*Betula*	坚桦	*Betula chinensis* Maxim.
	珍稀	43	榆科	Ulmaceae	青檀属	*Pteroceltis*	青檀	*Pteroceltis tatarinowii* Maxim.
	珍稀	44	荨麻科	Urticaceae	荨麻属	*Urtica*	宽叶荨麻	*Urtica laetevirens* Maxim.
	珍稀	45	荨麻科	Urticaceae	墙草属	*Parietaria*	墙草	*Parietaria micrantha* Ledeb.
	珍稀	46	石竹科	Caryophyllaceae	牛漆姑属	*Spergularia*	牛漆姑	*Spergularia marina* (Linnaeus) Grisebach
	珍稀	47	毛茛科	Ranunculaceae	乌头属	*Aconitum*	高帽乌头	*Aconitum longecassidatum* Nakai
	珍稀	48	毛茛科	Ranunculaceae	翠雀属	*Delphinium*	腺毛翠雀	*Delphinium grandiflorum* var. *gilgianum* (Pilger ex Gilg) Finet & Gagnepain
	珍稀	49	毛茛科	Ranunculaceae	唐松草属	*Thalictrum*	丝叶唐松草	*Thalictrum foeniculaceum* Bunge
	珍稀	50	毛茛科	Ranunculaceae	唐松草属	*Thalictrum*	多被银莲花	*Anemone raddeana* Regel
	珍稀	51	毛茛科	Ranunculaceae	铁线莲属	*Clematis*	褐毛铁线莲	*Clematis fusca* Turcz.
	珍稀	52	毛茛科	Ranunculaceae	铁线莲属	*Clematis*	转子莲	*Clematis patens* Morr. et Decne.

（续表）

保护等级		序号	科		属		种	
			中文名	拉丁名	中文名	拉丁名	中文名	拉丁名
山东珍稀种	珍稀	53	毛茛科	Ranunculaceae	水毛茛属	*Batrachium*	水毛茛	*Batrachium bungei* (Steud.) L. Liou
	珍稀	54	五味子科	Schisandraceae	五味子属	*Schisandra*	五味子	*Schisandra chinensis* (Turcz.) Baill.
	珍稀	55	樟科	Lauraceae	润楠属	*Machilus*	红楠	*Machilus thunbergii* Sieb. et Zucc.
	珍稀	56	樟科	Lauraceae	山胡椒属	*Lindera*	三桠乌药	*Lindera obtusiloba* Bl.
	珍稀	57	樟科	Lauraceae	山胡椒属	*Lindera*	狭叶山胡椒	*Lindera angustifolia* Cheng
	珍稀	58	樟科	Lauraceae	山胡椒属	*Lindera*	红果山胡椒	*Lindera erythrocarpa* Makino
	珍稀	59	罂粟科	Papaveraceae	紫堇属	*Corydalis*	胶州延胡索	*Corydalis kiautschouensis* V. Poelln.
	珍稀	60	罂粟科	Papaveraceae	紫堇属	*Corydalis*	刻叶紫堇	*Corydalis incisa* (Thunb.) Pers.
	珍稀	61	十字花科	Brassicaceae	大蒜芥属	*Sisymbrium*	全叶大蒜芥	*Sisymbrium luteum* (Maxim.) O. E. Schulz
	珍稀	62	虎耳草科	Saxifragaceae	虎耳草属	*Saxifraga*	球茎虎耳草	*Saxifraga sibirica* L.
	珍稀	63	虎耳草科	Saxifragaceae	金腰属	*Chrysosplenium*	柔毛金腰	*Chrysosplenium pilosum* var. *valdepilosum* Ohwi
	珍稀	64	虎耳草科	Saxifragaceae	茶藨子属	*Ribes*	东北茶藨子	*Ribes mandshuricum* (Maxim.) Kom.
	珍稀	65	茶藨子科	Grossulariaceae	茶藨子属	*Ribes*	华蔓茶藨子	*Ribes fasciculatum* var. *chinense* Maxim.

（续表）

保护等级		序号	科		属		种	
			中文名	拉丁名	中文名	拉丁名	中文名	拉丁名
山东珍稀种	珍稀	66	蔷薇科	Rosaceae	小米空木属	*Stephanandra*	小野珠兰	*Stephanandra incisa* (Thunb.) Zabel
	珍稀	67	蔷薇科	Rosaceae	委陵菜属	*Potentilla*	皱叶委陵菜	*Potentilla ancistrifolia* Bge.
	珍稀	68	豆科	Fabaceae	皂荚属	*Gleditsia*	野皂荚	*Gleditsia microphylla* Gordon ex Y. T. Lee
	珍稀	69	豆科	Fabaceae	黄檀属	*Dalbergia*	黄檀	*Dalbergia hupeana* Hance
	珍稀	70	豆科	Fabaceae	长柄山蚂蟥属	*Hylodesmum*	羽叶长柄山蚂蟥	*Hylodesmum oldhamii* (Oliver) H. Ohashi & R. R. Mill
	珍稀	71	豆科	Fabaceae	胡枝子属	*Lespedeza*	红花截叶铁扫帚	*Lespedeza lichiyuniae* T. Nemoto
	珍稀	72	豆科	Fabaceae	鹿藿属	*Rhynchosia*	渐尖叶鹿藿	*Rhynchosia acuminatifolia* Makino
	珍稀	73	豆科	Fabaceae	锦鸡儿属	*Caragana*	锦鸡儿	*Caragana sinica* (Buc'hoz) Rehd.
	珍稀	74	豆科	Fabaceae	黄芪属	*Astragalus*	鸡峰山黄芪	*Astragalus kifonsanicus* Ulbr.
	珍稀	75	豆科	Fabaceae	黄芪属	*Astragalus*	蒙古黄芪	*Astragalus membranaceus* var. *mongholicus* (Bunge)P.K.Hsiao
	珍稀	76	豆科	Fabaceae	黄芪属	*Astragalus*	刺果甘草	*Glycyrrhiza pallidiflora* Maxim.
	珍稀	77	豆科	Fabaceae	野豌豆属	*Vicia*	北野豌豆	*Vicia ramuliflora* (Maxim.) Ohwi
	珍稀	78	豆科	Fabaceae	野豌豆属	*Vicia*	大野豌豆	*Vicia sinogigantea* B. J. Bao & Turland
	珍稀	79	酢浆草科	Oxalidaceae	酢浆草属	*Oxalis*	山酢浆草	*Oxalis griffithii* Edgeworth & J. D. Hooker

（续表）

保护等级		序号	科		属		种	
			中文名	拉丁名	中文名	拉丁名	中文名	拉丁名
山东珍稀种	珍稀	80	蒺藜科	Zygophyllaceae	白刺属	*Nitraria*	小果白刺	*Nitraria sibirica* Pall.
	珍稀	81	芸香科	Rutaceae	花椒属	*Zanthoxylum*	竹叶花椒	*Zanthoxylum armatum* DC.
	珍稀	82	芸香科	Rutaceae	白鲜属	*Dictamnus*	白鲜	*Dictamnus dasycarpus* Turcz.
	珍稀	83	远志科	Polygalaceae	远志属	*Polygala*	小扁豆	*Polygala tatarinowii* Regel
	珍稀	84	大戟科	Euphorbiaceae	乌桕属	*Triadica*	乌桕	*Triadica sebifera*
	珍稀	85	大戟科	Euphorbiaceae	白木乌桕属	*Neoshirakia*	白木乌桕	*Neoshirakia japonica* (Siebold & Zuccarini) Esser
	珍稀	86	大戟科	Euphorbiaceae	算盘子属	*Glochidion*	算盘子	*Glochidion puberum* (L.) Hutch.
	珍稀	87	大戟科	Euphorbiaceae	大戟属	*Euphorbia*	甘肃大戟	*Euphorbia kansuensis* Prokh.
	珍稀	88	槭树科	Aceraceae	槭属	*Acer*	鸡爪槭	*Acer palmatum* Thunb.
	珍稀	89	无患子科	Sapindaceae	槭属	*Acer*	葛萝槭	*Acer davidii* subsp. grosseri (Pax) P. C. de Jong
	珍稀	90	清风藤科	Sabiaceae	泡花树属	*Meliosma*	多花泡花树	*Meliosma myriantha* Sieb. et Zucc.
	珍稀	91	清风藤科	Sabiaceae	泡花树属	*Meliosma*	红柴枝	*Meliosma oldhamii* Maxim.
	珍稀	92	锦葵科	Malvaceae	锦葵属	*Malva*	野葵	*Malva verticillata* L.
	珍稀	93	猕猴桃科	Actinidiaceae	猕猴桃属	*Actinidia*	狗枣猕猴桃	*Actinidia kolomikta* (Maxim. et Rupr.) Maxim.
	珍稀	94	猕猴桃科	Actinidiaceae	猕猴桃属	*Actinidia*	葛枣猕猴桃	*Actinidia polygama* (Sieb. et Zucc.) Maxim.

（续表）

保护等级		序号	科		属		种	
			中文名	拉丁名	中文名	拉丁名	中文名	拉丁名
山东珍稀种	珍稀	95	山茶科	Theaceae	山茶属	*Camellia*	山茶	*Camellia japonica* L.
	珍稀	96	金丝桃科	Hypericaceae	金丝桃属	*Hypericum*	赶山鞭	*Hypericum attenuatum* Choisy
	珍稀	97	金丝桃科	Hypericaceae	金丝桃属	*Hypericum*	黄海棠	*Hypericum ascyron* L.
	珍稀	98	堇菜科	Violaceae	堇菜属	*Viola*	辽宁堇菜	*Viola rossii* Hemsl. ex Forbes et Hemsl.
	珍稀	99	瑞香科	Thymelaeaceae	荛花属	*Wikstroemia*	河朔荛花	*Wikstroemia chamaedaphne* Meisn.
	珍稀	100	胡颓子科	Elaeagnaceae	胡颓子属	*Elaeagnus*	大叶胡颓子	*Elaeagnus macrophylla* Thunb.
	珍稀	101	山茱萸科	Cornaceae	八角枫属	*Alangium*	瓜木	*Alangium platanifolium* (Sieb. et Zucc.) Harms
	珍稀	102	菊科	Asteraceae	蜂斗菜属	*Petasites*	蜂斗菜	*Petasites japonicus* (Sieb. et Zucc.) Maxim.
	珍稀	103	柳叶菜科	Onagraceae	露珠草属	*Circaea*	高山露珠草	*Circaea alpina* L.
	珍稀	104	五加科	Araliaceae	刺楸属	*Kalopanax*	刺楸	*Kalopanax septemlobus* (Thunb.) Koidz.
	珍稀	105	五加科	Araliaceae	楤木属	*Aralia*	辽东楤木	*Aralia elata* var. *glabrescens* (Franchet & Savatier) Pojarkova
	珍稀	106	伞形科	Apiaceae	毒芹属	*Cicuta*	毒芹	*Cicuta virosa* L.
	珍稀	107	伞形科	Apiaceae	岩风属	*Libanotis*	条叶岩风	*Libanotis lancifolia* K. T. Fu.
	珍稀	108	伞形科	Apiaceae	当归属	*Angelica*	骨缘当归	*Angelica cartilaginomarginata* var. *foliosa* Yuan et Shan
	珍稀	109	伞形科	Apiaceae	前胡属	*Peucedanum*	泰山前胡	*Peucedanum wawrae* (Wolff) Su

（续表）

保护等级		序号	科		属		种	
			中文名	拉丁名	中文名	拉丁名	中文名	拉丁名
山东珍稀种	珍稀	110	伞形科	Apiaceae	前胡属	*Peucedanum*	滨海前胡	*Peucedanum japonicum* Thunb.
	珍稀	111	杜鹃花科	Ericaceae	杜鹃花属	*Rhododendron*	杜鹃	*Rhododendron simsii* Planch.
	珍稀	112	杜鹃花科	Ericaceae	越橘属	*Vaccinium*	腺齿越橘	*Vaccinium oldhamii* Miquel
	珍稀	113	报春花科	Primulaceae	珍珠菜属	*Lysimachia*	滨海珍珠菜	*Lysimachia mauritiana* Lam.
	珍稀	114	白花丹科	Plumbaginaceae	补血草属	*Limonium*	烟台补血草	*Limonium franchetii* (Debx.) Kuntze
	珍稀	115	柿科	Ebenaceae	柿属	*Diospyros*	野柿	*Diospyros kaki* var. *silvestris* Makino
	珍稀	116	山矾科	Symplocaceae	山矾属	*Symplocos*	华山矾	*Symplocos chinensis* (Lour.) Druce
	珍稀	117	安息香科	Styracaceae	安息香属	*Styrax*	玉铃花	*Styrax obassia* Siebold & Zucc.
	珍稀	118	安息香科	Styracaceae	安息香属	*Styrax*	野茉莉	*Styrax japonicus* Sieb. et Zucc.
	珍稀	119	马钱科	Loganiaceae	尖帽草属	*Mitrasacme*	尖帽草	*Mitrasacme indica* Wight
	珍稀	120	马钱科	Loganiaceae	尖帽草属	*Mitrasacme*	水田白	*Mitrasacme pygmaea* R. Br.
	珍稀	121	龙胆科	Gentianaceae	龙胆属	*Gentiana*	笔龙胆	*Gentiana zollingeri* Fawcett
	珍稀	122	睡菜科	Menyanthaceae	荇菜属	*Nymphoides*	金银莲花	*Nymphoides indica* (L.) O. Kuntze
	珍稀	123	夹竹桃科	Apocynaceae	白前属	*Vincetoxicum*	白薇	*Vincetoxicum atratum* (Bunge) Morren et Decne.
	珍稀	124	夹竹桃科	Apocynaceae	白前属	*Vincetoxicum*	合掌消	*Vincetoxicum amplexicaule* Siebold et Zucc.

（续表）

保护等级		序号	科		属		种	
			中文名	拉丁名	中文名	拉丁名	中文名	拉丁名
山东珍稀种	珍稀	125	旋花科	Convolvulaceae	旋花属	*Convolvulus*	刺旋花	*Convolvulus tragacanthoides* Turcz.
	珍稀	126	紫草科	Boraginaceae	紫草属	*Lithospermum*	紫草	*Lithospermum erythrorhizon* Sieb. et Zucc.
	珍稀	127	马鞭草科	Verbenaceae	牡荆属	*Vitex*	单叶蔓荆	*Vitex rotundifolia* Linnaeus f.
	珍稀	128	唇形科	Lamiaceae	黄芩属	*Scutellaria*	纤弱黄芩	*Scutellaria dependens* Maxim.
	珍稀	129	茄科	Solanaceae	散血丹属	*Physaliastrum*	日本散血丹	*Physaliastrum echinatum* (Yatabe) Makino
	珍稀	130	茄科	Solanaceae	茄属	*Solanum*	青杞	*Solanum septemlobum* Bunge
	珍稀	131	透骨草科	Phrymaceae	沟酸浆属	*Erythranthe*	沟酸浆	*Erythranthe tenella* (Bunge) G. L. Nesom
	珍稀	132	车前科	Plantaginaceae	柳穿鱼属	*Linaria*	柳穿鱼	*Linaria vulgaris* subsp. chinensis (Bunge ex Debeaux) D. Y. Hong
	珍稀	133	车前科	Plantaginaceae	茶菱属	*Trapella*	茶菱	*Trapella sinensis* Oliv.
	珍稀	134	狸藻科	Lentibulariaceae	狸藻属	*Utricularia*	狸藻	*Utricularia vulgaris* L.
	珍稀	135	狸藻科	Lentibulariaceae	狸藻属	*Utricularia*	挖耳草	*Utricularia bifida* L.
	珍稀	136	忍冬科	Caprifoliaceae	荚蒾属	*Viburnum*	宜昌荚蒾	*Viburnum erosum* Thunb.
	珍稀	137	忍冬科	Caprifoliaceae	忍冬属	*Lonicera*	华北忍冬	*Lonicera tatarinowii* Maxim.
	珍稀	138	葫芦科	Cucurbitaceae	假贝母属	*Bolbostemma*	假贝母	*Bolbostemma paniculatum* (Maxim.) Franquet
	珍稀	139	桔梗科	Campanulaceae	党参属	*Codonopsis*	羊乳	*Codonopsis lanceolata* (Sieb. et Zucc.) Trautv.

（续表）

保护等级		序号	科		属		种	
			中文名	拉丁名	中文名	拉丁名	中文名	拉丁名
山东珍稀种	珍稀	140	桔梗科	Campanulaceae	桔梗属	*Platycodon*	桔梗	*Platycodon grandiflorus* (Jacq.) A. DC.
	珍稀	141	菊科	Asteraceae	紫菀属	*Aster*	紫菀	*Aster tataricus* L. f.
	珍稀	142	菊科	Asteraceae	蒿属	*Artemisia*	海州蒿	*Artemisia fauriei* Nakai
	珍稀	143	菊科	Asteraceae	苍术属	*Atractylodes*	苍术	*Atractylodes lancea* (Thunb.) DC.
	珍稀	144	菊科	Asteraceae	蓟属	*Cirsium*	烟管蓟	*Cirsium pendulum* Fisch. ex DC.
	珍稀	145	菊科	Asteraceae	山牛蒡属	*Synurus*	山牛蒡	*Synurus deltoides* (Ait.) Nakai
	珍稀	146	菊科	Asteraceae	苦荬菜属	*Ixeris*	沙苦荬	*Ixeris repens* (L.) A. Gray

共计 188 种。

附录 2 山东省省级及以上自然保护区名录

序号	名称	保护级别	所在市	划定时间	面积（平方千米）	珍稀植物情况	备注
1	马山地质遗迹国家级自然保护区	国家级	青岛市	1994/04	7.74	缺少珍稀濒危保护植物	地质类保护区
2	黄河三角洲国家级自然保护区	国家级	东营市	1992/1	1530.00	有一定数量的珍稀濒危植物，以盐生类植物为特色；野大豆为国家级保护植物，是山东省分布最集中的区域	拟建黄河口国家公园
3	长岛国家级自然保护区	国家级	烟台市	1988/05	50.15	有一定数量的珍稀濒危植物，如野大豆等。	拟建长岛国家公园
4	昆嵛山国家级自然保护区	国家级	烟台市	2008/01	154.17	珍稀濒危植物多，如兰科植物有一定数量	具备建设建国家公园的基础
5	山旺古生物化石国家级自然保护区	国家级	潍坊市	1980/01	1.20	缺少珍稀濒危保护植物	地质遗迹类保护区
6	荣成大天鹅国家级自然保护区	国家级	威海市	2007/04	16.75	缺少珍稀濒危保护植物	鸟类保护区
7	滨州贝壳堤岛与湿地国家级自然保护区	国家级	滨州市	2006/02	435.42	有一定数量的珍稀濒危植物，如草麻黄等	生态重要性高
8	长清寒武纪地质遗迹省级自然保护区	省级	济南市	2001/04	2.62	珍稀濒危保护植物少	地质类保护区
9	平阴大寨山省级自然保护区	省级	济南市	2010/09	12.00	有一定数量的珍稀濒危植物	生态重要性一般
10	崂山省级自然保护区	省级	青岛市	2000/11	448.55	植物丰富在国内外有特色，是山东珍稀植物最多的区域，青岛百合、山茴香以及多兰科植物是其特色	生态重要性高

（续表）

序号	名称	保护级别	所在市	划定时间	面积（平方千米）	珍稀植物情况	备注
11	胶州艾山地质遗迹省级自然保护区	省级	青岛市	2001/1	8.60	珍稀濒危保护植物少	地质类保护区
12	大公岛省级自然保护区	省级	青岛市	2001/12	16.03	珍稀濒危保护植物少	鸟类类保护区
13	胶南灵山岛省级自然保护区	省级	青岛市	2002/12	32.83	有一定数量的珍稀濒危植物	生态重要性较高
14	大泽山省级自然保护区	省级	青岛市	2006/11	97.83	有较多的珍稀濒危植物，青岛百合等是特色	生态重要性较高
15	原山省级自然保护区	省级	淄博市	2006/06	139.14	有一定数量的珍稀濒危植物	生态重要性一般
16	鲁山省级自然保护区	省级	淄博市	2006/06	130.70	有较多的珍稀濒危植物	生态重要性较高
17	石榴园省级自然保护区	省级	枣庄市	2002/01	46.42	有一定数量的珍稀濒危植物	生态重要性一般
18	枣庄抱犊崮省级自然保护区	省级	枣庄市	2003/03	35.00	有较多的珍稀濒危植物，多亚热带植物	生态重要性高
19	蓬莱艾山省级自然保护区	省级	烟台市	2002/05	98.25	有较多的珍稀濒危植物，有成片自然分布的紫段	生态重要性较高
20	招虎山省级自然保护区	省级	烟台市	2006/12	70.61	有较多的珍稀濒危植物，有青岛百合、竹叶椒等种类	生态重要性较高
21	之莱山省级自然保护区	省级	烟台市	2002/12	102.27	有一定数量的珍稀濒危植物	生态重要性一般
22	栖霞牙山省级自然保护区	省级	烟台市	2003/05	179.00	有较多的珍稀濒危植物，有成片自然分布的紫段	生态重要性较高

（续表）

序号	名称	保护级别	所在市	划定时间	面积（平方千米）	珍稀植物情况	备注
23	烟台沿海防护林省级自然保护区	省级	烟台市	2006/06	227.77	有一定数量的珍稀濒危植物，如玫瑰、珊瑚菜等。	生态重要性较高
24	莱州大基山省级自然保护区	省级	烟台市	2007/11	87.53	有一定数量的珍稀濒危植物	生态重要性一般
25	招远罗山省级自然保护区	省级	烟台市	2007/11	94.80	有一定数量的珍稀濒危植物	生态重要性较高
26	庙岛群岛海豹省级自然保护区	省级	烟台市	2001/06	1731.00	珍稀濒危保护植物少	海豹保护区
27	千里岩岛省级自然保护区	省级	烟台市	2002/01	18.23	有一定珍稀濒危保护植物	鸟类保护区
28	崆峒列岛省级自然保护区	省级	烟台市	2003/03	76.90	有一定珍稀濒危保护植物	鸟类保护区
29	福山银湖湿地省级自然保护区	省级	烟台市	2008/11	60.43	有一定数量的珍稀濒危植物	生态重要性一般
30	莱山围子山省级自然保护区	省级	烟台市	2009/12	25.09	有一定数量的珍稀濒危植物	生态重要性一般
31	龙口大飘山省级自然保护区	省级	烟台市	2010/09	23.26	有一定数量的珍稀濒危植物	生态重要性一般
32	龙口黄水河河口湿地省级自然保护区	省级	烟台市	2009/08	10.28	有一定数量的珍稀濒危植物	生态重要性一般
33	莱阳老寨山省级自然保护区	省级	烟台市	2007/11	29.09	有一定数量的珍稀濒危植物	生态重要性一般
34	龙口依岛省级自然保护区	省级	烟台市	2008/09	0.85	有一定数量的珍稀濒危植物	生态重要性一般

（续表）

序号	名称	保护级别	所在市	划定时间	面积（平方千米）	珍稀植物情况	备注
35	牟平嵛山省级自然保护区	省级	烟台市	2012/11	14.85	有一定数量的珍稀濒危植物	生态重要性一般
36	莱阳五龙河湿地省级自然保护区	省级	烟台市	2013/03	18.25	有一定数量的珍稀濒危植物	生态重要性较高
37	仰天山省级自然保护区	省级	潍坊市	1999/1	20.00	有较多的珍稀濒危植物，有成片自然分布的鹅耳枥	生态重要性较高
38	南四湖省级自然保护区	省级	济宁市	2003/06	1275.47	有较多的珍稀濒危植物，如水蕨、野大豆等及水生植物和植被	具备建设国家保护区的条件
39	泰山省级自然保护区	省级	泰安市	2006/02	118.92	有较多的珍稀濒危植物	生态重要性较高
40	太平山（泰安）省级自然保护区	省级	泰安市	2009/12	37.33	有一定数量的珍稀濒危植物	生态重要性一般
41	徂徕山省级自然保护区	省级	泰安市	2006/11	109.15	有较多的珍稀濒危植物，有成片自然分布的鹅耳枥	生态重要性较高
42	荣成成山头省级自然保护区	省级	威海市	2002/11	60.15	珍稀濒危保护植物少，大叶藻是其特色	大天鹅保护区
43	浮来山地质遗迹省级自然保护区	省级	日照市	2001/11	4.90	珍稀濒危保护植物少，前些年银杏树是其特色	地质遗迹类保护区
44	马谷山地质遗迹省级自然保护区	省级	滨州市	1999/03	0.13	珍稀濒危保护植物少	地质遗迹类保护区
45	费县大青山省级自然保护区	省级	临沂市	2000/12	40.00	珍稀濒危保护植物少	生态重要性一般

附录 3 山东稀有濒危保护植物修订版说明

1993 年，山东大学出版社出版了王仁卿和张昭洁编著的《山东稀有濒危保护植物》一书，该书在山东省的自然保护地建设中发挥了重要参考和依据作用。但由于当时的认知和知识的不足，原来的名录需要删除或者增加物种，主要原因如下：

1. 植物分类知识的不断更新和增加，原有的种类或者命名有误，或者已归并到新的分类体系等。如椴树，山东原来认可的包括紫椴（*Tilia amurensis*）和糠椴（*Tilia mandshurica*，现称辽椴）两种，现在则认为山东主要的应是华东椴（*Tilia japonica*），椴树科也合并为锦葵科了；再如细辛（*Asarum heterotropoides*），过去一致认为山东的种类是细辛，但最新的分类表明，山东分布的应是汉城细辛（*Asarum sieboldii*），其特征是花为紫黑色或绿色。

2. 国家先后调整了重点保护野生植物名录，有些物种已经撤销了。比如青檀（*Pteroceltis tatarinowi*），原来为国家二级保护植物，现在已从新版名录中删除，原因可能是现有青檀的数量已经不是濒危状态了，并且已归为大麻科。还有如莲（*Nelumbo nucifera*），在新版名录中成为国家二级保护植物，可能是因为莲既是古老的种类，也具有多种科研、文化、经济等价值。

3. 山东新种和新记录、新分布等的不断发表，使得山东的特有种类和新的发现比三十年前丰富了很多，也为本名录的修订提供了新的依据和资料。

因此，修订山东稀有濒危保护植物名录必须及时进行，以便与国际、国内接轨，并为山东制定地方重点野生保护植物名录提供参考和依据。但是由于植物分类知识受限和对山东新的资料掌握不足，如何取舍也是一项很难的工作。除了上述 3 个原因，还有一个原因是学者们认识和看法的不同。因此，不管如何慎重和严谨，问题肯定还是存在的。鉴于此，我们在修订过程中主要把握了以下几个原则：

第一，基于国际规范和国家标准性。主要参考了《濒危动植物种国际贸易公约》《国家重点保护野生植物（新版）》《中国植物志》《中国红色植物名录》和植物智（www.iPlant.cn）等权威性文件和资料。

第二，突出稀有性。将山东境内数量少、分布范围小的一些物种列入名录中，如红楠、山茶、玉玲花、蜈蚣兰等，这些种类在国内并不稀少，但在山东不多见，或者存在种群较少的威胁；山东的多数特有种类也一并列入名录。

第三，突出重要性。将具有重要科研、经济、社会、文化等意义的物种，如重要农作物、花卉、林业、中药的野生近缘群或有重要遗传价值的近缘种列入名录，如兰科、蔷薇科、百合科、五福花科、山茶科的一些种类，这些种类在名录中占比较大。

第四，考虑生态价值。将在维持生态系统和植被稳定性方面具有重要作用的种类，如森林、灌丛、草地、湿地、砂地等不同生态系统和植被类型中的部分种类列入名录，如杜鹃花科、马鞭草科等的部分物种。

第五，依据充分。选入的种类必须有照片、有文献支撑。除了个别种类因时间已久，找不到新的照片，绝大多数种类都有作者拍摄的照片，非作者们的照片一律注明拍摄者。

第六，有歧义的种类暂不列入。如前所述，最近三十年山东发表了很多新的种类和新记录，有些新种和新记录可能存在歧义，暂不建议列入。

根据以上原则，修订版一共收录了 188 种稀有濒危保护植物，比第一版增加了 112 种，按照物种的重要性及珍稀濒危等级顺序排列，包括国家重点保护野生植物（16 种）、中国生物多样性红色名录中的受威胁物种（极危种、濒危种、易危种，11 种）、山东特有物种（15 种）和山东珍稀物种（146 种）。

总主编：王仁卿

2023 年 9 月于山东大学

注：尽管反复修改和校对，仍在即将印刷之际突然发现遗漏了具有重要意义和价值的裸子植物草麻黄（*Ephedra sinica*），仅在介绍滨州贝壳堤岛与湿地国家级自然保护区时有所提及，只能于今后修订时将该种补入。

作者　2023 年 10 月